U0658985

种植业农产品风险
筛查方法实用手册

黄宝勇　杨红菊　于寒冰　主编

中国农业出版社
农村读物出版社
北　京

图书在版编目（CIP）数据

种植业农产品风险筛查方法实用手册 / 黄宝勇，杨
红菊，于寒冰主编 . —北京：中国农业出版社，2024.3
ISBN 978 - 7 - 109 - 31801 - 4

Ⅰ.①种… Ⅱ.①黄… ②杨… ③于… Ⅲ.①种植业
－农产品－安全生产－研究 Ⅳ.①S37

中国国家版本馆 CIP 数据核字（2024）第 054575 号

中国农业出版社出版
地址：北京市朝阳区麦子店街 18 号楼
邮编：100125
责任编辑：冀　刚　　文字编辑：牟芳荣
版式设计：书雅文化　　责任校对：吴丽婷
印刷：北京印刷集团有限责任公司
版次：2024 年 3 月第 1 版
印次：2024 年 3 月北京第 1 次印刷
发行：新华书店北京发行所
开本：700mm×1000mm　1/16
印张：10.75
字数：193 千字
定价：58.00 元

版权所有·侵权必究
凡购买本社图书，如有印装质量问题，我社负责调换。
服务电话：010 - 59195115　010 - 59194918

主　　编：黄宝勇　杨红菊　于寒冰

副 主 编：黄培鑫　郭　阳　赵　源

　　　　　马　啸　张国光

参编人员：徐　悦　方紫薇　樊潇宇

　　　　　闫建茹　刘二祥　肖　帅

　　　　　姜春光　习佳林　刘一鋆

　　新修订的《中华人民共和国农产品质量安全法》于 2023 年 1 月 1 日起施行，按照"四个最严"的要求，回应社会关切，实现"从田间地头到百姓餐桌"的全过程、全链条监管。但由于我国国情的特殊性，目前确保农产品质量安全的基础较薄弱、农业投入品使用还存在不规范等问题，风险隐患因素依然存在。我国农产品质量安全工作实行源头治理、风险管理、全程控制的原则，通过风险筛查、风险评估、风险监测等措施，加强对重点环节、重点区域、重点农产品品种的风险检测和风险管理，了解农产品质量安全状况、掌握动态变化、排查风险隐患，为农产品质量安全依法监督管理和决策提供重要技术手段，同时促使农产品生产经营者增强安全生产意识和责任意识，确保人民群众"舌尖上的安全"。

　　紧紧围绕"守底线、防风险"的要求，近年来，各地普遍加大了农产品质量安全风险监测和筛查工作。为帮助有关人员尤其是基层检测技术人员适应新形势要求，面对大量检测标准方法不知如何选择的情况，结合我们 20 年一线种植业农产品质量安全检验检测经验，通过总结实际工作中大量有关标准及方法的使用经验，从中筛选出现行的技术先进、效率高、环境友好的标准及方法，编写了此书，为广大农产品风险筛查及风险监测工作者提供方法参考和技术支撑。本书重点介绍了种植业农产品中农药残留、重金属、真菌毒素检测标准和筛查方法，涉及色谱检测、色谱-串联质谱检测、高分辨质谱筛查、原子吸收和原子荧光光度检测、电感耦合等离子体质谱筛查等，也重点介绍了抽样、方法验证和确证及质量控制规范，同时对农残检测过程中部分重点和计算难点进行了实例介绍。

　　本书可以作为有关单位开展培训的资料，也可以作为从事相关工作的各级农产品质量安全检测机构、第三方检测机构检测人员以及食品安全相关专业研究生、本专科生的学习和参考资料。

　　本书在编写过程中得到了北京市农产品质量安全中心的大力支持，在此表示感谢！因时间和条件所限，若存在不足和疏漏之处，敬请读者批评指正。

编　者

2023 年 8 月

CONTENTS⋯⋯

目录

第一章

抽 样 与 制 备

第一节 概 述

抽样是检验检测工作全流程的第一步，是保证检验结果客观、正确的重要基础。抽样应具有代表性、真实性和公正性。如果在此环节上出现纰漏，即使后续检验过程中的质量控制做得再严谨、规范，也很难反映真实、准确的结果，而且可能会由此得出错误的结论，产生不良的影响和后果。因此，规范化地抽样是保证农产品检验检测结果客观、准确的前提条件。

样品制备是利用经济且高效的加工方法，将抽取到的样品破碎、缩分、混匀的过程。样品制备需要专业技术人员按照规范的方法，在通风、整洁、无扬尘、无易挥发化学物质的独立的制样场所，使用恰当的工具和容器，对抽取到的样品均匀制样。样品制备过程主要分为两部分：首先，要在保证原始样品成分不变的情况下对样品进行预处理和缩分；其次，不同种类的农产品测定部位是不同的，应严格按照相关的技术规范选择制样部位，制备出试样均匀、颗粒细度达到后续前处理实验要求的样品。例如，缩分不科学会影响样品的代表性，制样部位选择错误对检测结果的影响很大；重金属检测要求制备农产品的可食部分；而农药残留检测要求某些种类的水果带皮制样，而有些是去核的。因此，样品制备也是专业技术人员必须掌握的一项基本技能。

种植业农产品抽样、制备及样品管理涉及的相关标准较多，主要有《蔬菜抽样技术规范》（NY/T 2103—2011）、《蔬菜农药残留检测抽样规范》（NY/T 762—2004）、《农药残留分析样本的采样方法》（NY/T 789—2004）、《农产品检测样品管理技术规范》（NY/T 3304—2018）、《食品安全国家标准 食品中农药最大残留限量》（GB 2763—2021），但标准内容之间存在明显的重复、交叉，甚至不一致的情况。本章根据实用性原则摘选部分常用的标准内容，以方便读者参考。

第二节 抽样技术规范

本节内容摘自 NY/T 789—2004。本节介绍了种植业农产品中农药残留分析样本（田间试验、产地和市场样本）的抽样方法。

一、原则

1. 抽样应由专业技术人员进行。

2. 采集的样本应具有代表性。

3. 样本采集、制备过程中，应防止待测定组分发生化学变化、损失，避免污染。

4. 采样过程中，应及时、准确记录采样相关信息。

二、采样方法

1. 产地样本采样

（1）样本采集。按照产地面积和地形不同，采用随机法、对角线法、五点法、Z形法、S形法、棋盘式法等进行多点采样。产地面积小于 1 hm² 时，按照 NY/T 398 的规定划分采样单元；产地面积大于 1 hm² 小于 10 hm² 时，以 1～3 hm² 作为采样单元；产地面积大于 10 hm² 时，以 3～5 hm² 作为采样单元。每个采样单元内采集一个代表性样本。不应采有病、过小的样本。采果树样本时，需在植株各部位（上、下、内、外、向阳和背阴面）采样。

（2）样本预处理及采样量。

① 块根类和块茎类蔬菜。采集块根或块茎，用毛刷和干布去除泥土及其他黏附物。样本采集量为 6～12 个个体，且不少于 3 kg。代表种类：马铃薯、萝卜、胡萝卜、芜菁、甘薯、山药、甜菜、块根芹。

② 鳞茎类蔬菜。韭菜和大葱：去除泥土、根和其他黏附物；干洋葱头和大蒜：去除根部和老皮。样本采集量为 12～24 个个体，且不少于 3 kg。代表种类：大蒜、洋葱、韭菜、葱。

③ 叶类蔬菜。去掉明显腐烂和萎蔫部分的茎叶。菜花和花椰菜分析花序和茎。样本采集量为 4～12 个个体，不少于 3 kg。代表种类：菠菜、甘蓝、大白菜、莴苣、甜菜叶、花椰菜、萝卜叶、菊苣。

④ 茎菜类蔬菜。去掉明显腐烂和萎蔫部分的可食茎、嫩芽。食用大黄：只取茎部。样本采集量至少为 12 个个体，且不少于 2 kg。代表种类：芹菜、

朝鲜蓟、菊苣、食用大黄等。

⑤ 豆菜类蔬菜。取豆荚或籽粒。鲜豆（荚）样本采集量不少于 2 kg，干样样本采集量不少于 1 kg。代表种类：蚕豆、菜豆、大豆、绿豆、豌豆、芸豆、利马豆。

⑥ 果菜类（果皮可食）。除去果梗后的整个果实。样本采集量为 6～12 个个体，不少于 3 kg。代表种类：黄瓜、胡椒、茄子、西葫芦、番茄、黄秋葵。

⑦ 果菜类（果皮不可食）。除去果梗后的整个果实，测定时果皮与果肉分别测定。样本采集量为 4～6 个个体。代表种类：哈密瓜、南瓜、甜瓜、西瓜、冬瓜。

⑧ 食用菌类蔬菜。取整个子实体。样本采集量至少为 12 个个体，不少于 1 kg。代表种类：香菇、草菇、口蘑、双孢蘑菇、大肥菇、木耳等。

⑨ 柑橘类水果。取整个果实。外皮和果肉分别测定。样本采集量为 6～12 个个体，不少于 3 kg。代表种类：橘子、柚子、橙子、柠檬等。

⑩ 梨果类水果。去蒂、去心部（含籽）带皮果肉共测。样本采集量至少为 12 个个体，不少于 3 kg。代表种类：苹果、梨等。

⑪ 核果类水果。除去果梗及核的整个果实，但残留计算包括果核。样本采集量至少为 24 个个体，不少于 2 kg。代表种类：杏、油桃、樱桃、桃、李子。

⑫ 小水果和浆果。去掉果柄和果托的整个果实，样本采集量不少于 3 kg。代表种类：葡萄、草莓、黑莓、醋栗、越橘、罗甘莓、酸果蔓、黑醋栗、覆盆子。

⑬ 果皮可食类水果。枣、橄榄：分析除去果梗和核后的整个果实，但计算残留量时以整个果实计。无花果取整个果实。样本采集量不少于 1 kg。代表种类：枣、橄榄、无花果。

⑭ 果皮不可食类水果。除非特别说明，应取整个果实。鳄梨和芒果：整个样本去核，但是计算残留量时以整个果实计。菠萝：去除果冠。样本采集量为 4～12 个个体，不少于 3 kg。代表种类：鳄梨、芒果、香蕉、番木瓜、番石榴、西番莲、猕猴桃、菠萝。

⑮ 谷物。对于稻谷，取糙米或精米。鲜食玉米和甜玉米，取籽粒加玉米穗轴（去皮）。样本采集至少 12 点，不少于 2 kg。代表种类：水稻、小麦、大麦、黑麦、玉米、高粱、燕麦、甜玉米。

⑯ 饲草作物类。取整个植株。至少 5 个个体，不少于 2 kg。代表种类：大麦饲料、玉米饲料、稻草、高粱饲料。

⑰ 经济作物。整个籽粒或食用部分。花生需去掉外皮。多点采集 0.1～0.5 kg（干样）或 1～2 kg（鲜样）。代表种类：花生、棉籽、红花籽、亚麻籽、葵花籽、油菜籽、菜叶、成茶、可可豆、咖啡豆。

⑱ 豆科饲料作物。取整个植株。多点采集 1～2 kg，干草 0.5 kg。代表种类：紫花苜蓿饲料、花生饲料、大豆饲料、豌豆饲料、苜蓿饲料。

⑲ 坚果。去壳后的整个可食部分。板栗去皮处理。多点采样且不少于 1 kg。代表种类：杏核、澳洲坚果、栗子、核桃、榛子、胡桃。

⑳ 中草药。取整个药用部分。多点采集不少于 0.5 kg（干样）或 1 kg（鲜样）。

㉑ 香草类。取整个食用部分。多点采集不少于 0.1 kg（干样）或 0.2 kg（鲜样）。

㉒ 调味品类。整个食用部分。多点采集不少于 0.2 kg（干样）或 0.5 kg（鲜样）。

2. 农药残留田间试验样本采样 根据试验目的和样本种类实际情况，按照随机法、对角线法或五点法在每个采样单元内进行多点采样。样本预处理方法按照产地样本进行。采样数量按照 NY/T 788 的规定进行。

3. 市场样本采样

（1）散装样本。对于散装成堆样本，应视堆高不同从上、中、下分层采样，必要时增加层数，每层采样时从中心及四周五点随机采样。样本预处理方法按照产地样本进行。

（2）包装产品。采样时按堆垛采样或甩箱采样，即在堆垛两侧的不同部位（上、中、下或四角）中取出相应数量的样本，如因地点狭窄，按堆垛采样有困难时，可在成堆过程中每隔若干箱甩一箱，取出所需样本。样本预处理方法按照产地样本进行。

（3）特殊样本。茶样本，按照 GB/T 8302 的规定进行。样本预处理方法按照产地样本进行。

三、样本包装、储存

1. 样本的包装 采集的样本用惰性包装袋（盒）装好，写好标签（包装内外各一个）和编号（伴随样本各个阶段，直至报告结果）。样本及有关资料（样本名称、采样时间、地点及注意事项等）在 24 h 内运送到实验室，在运输过程中，应避免样本变质、受损、失水或遭受污染。

2. 样本的储存 对含性质不稳定的农药残留样本，应立即进行测定。

容易腐烂变质的样本，应马上捣碎处理，在低于－20 ℃条件下冷冻保存。

短期储存（小于 7 d）的样本，应按原状在 1～5 ℃条件下保存。

储藏较长时间时，应在低于－20 ℃条件下冷冻保存。解冻后应立即分析。取冷冻样本进行检测时，应不使水、冰晶与样本分离，分离严重时应重新匀浆。

检测样本应留备份并保存至约定时间，以供复检。

四、样本记录

样本记录表包括以下基本内容：

1. 样本名称、种类、品种。

2. 识别标记或批号、样本编号。

3. 采样日期。

4. 采样时间。

5. 采样地点。

6. 样本基数及采样数量。

7. 包装方法。

8. 采样（收样）单位、采样（收样）人签名或盖章。

9. 储存方式、储存地点、保存时间。

10. 采样时的环境条件和气候条件。

11. 对市场抽检样品需标明原编号及生产日期、被抽样单位，并经被抽样单位签名或盖章。

第三节　样品制备方法

一、预处理

用于农药残留检测的样品：应用干净纱布轻轻擦去样品表面的附着物。如果样品黏附有土壤等杂物，可用软刷子刷除或干布擦除。

用于元素检测的样品：应先用自来水冲洗，再用二级实验用水冲洗 3 遍，再用干净纱布轻轻擦去样品表面水分。

二、重金属检测样品制备部位

按《食品安全国家标准　食品中污染物限量》（GB 2762—2022）的要求，食品中污染物限量以食品通常的可食用部分计算，制样部分应为可食用部分。

三、农药残留检测样品制备部位

食品类别及测定部位见表 1-1（摘自 GB 2763—2021 附录 A）。

表 1-1　食品类别及测定部位

食品类别	类别说明	测定部位
谷物	稻类 稻谷等	整粒
	麦类 小麦、大麦、燕麦、黑麦、小黑麦等	整粒
	旱粮类 玉米、鲜食玉米、高粱、粟、稷、薏仁、荞麦等	整粒，鲜食玉米（包括玉米粒和轴）
	杂粮类 绿豆、豌豆、赤豆、小扁豆、鹰嘴豆、羽扇豆、豇豆、利马豆、蚕豆等	整粒
	成品粮 大米粉、小麦粉、小麦全粉、全麦粉、玉米糁、玉米粉、高粱米、大麦粉、荞麦粉、莜麦粉、甘薯粉、高粱粉、黑麦粉、黑麦全粉、大米、糙米、麦胚等	
油料和油脂	小型油籽类 油菜籽、芝麻、亚麻籽、芥菜籽等	整粒
	中型油籽类 棉籽等	整粒
	大型油籽类 大豆、花生仁、葵花籽、油茶籽等	整粒
	油脂 植物毛油：大豆毛油、菜籽毛油、花生毛油、棉籽毛油、玉米毛油、葵花籽毛油等 植物油：大豆油、菜籽油、花生油、棉籽油、初榨橄榄油、精炼橄榄油、葵花籽油、玉米油等	
蔬菜（鳞茎类）	鳞茎葱类 大蒜、洋葱、薤等	可食部分
	绿叶葱类 韭菜、葱、青蒜、蒜薹、韭葱等	整株
	百合（鲜）	鳞茎头

（续）

食品类别	类别说明	测定部位
蔬菜 （芸薹属类）	结球芸薹属 结球甘蓝、球茎甘蓝、抱子甘蓝、赤球甘蓝、羽衣甘蓝、皱叶甘蓝等	整棵
	头状花序芸薹属 花椰菜、青花菜等	整棵，去除叶
	茎类芸薹属 芥蓝、菜薹、茎芥菜等	整棵，去除根
蔬菜 （叶菜类）	绿叶类 菠菜、普通白菜（小白菜、小油菜、青菜）、苋菜、蕹菜、茼蒿、大叶茼蒿、叶用莴苣、结球莴苣、苦苣、野苣、落葵、油麦菜、叶芥菜、萝卜叶、芜菁叶、菊苣、芋头叶、茎用莴苣叶、甘薯叶等	整棵，去除根
	叶柄类 芹菜、茴香、球茎茴香等	整棵，去除根
	大白菜	整棵，去除根
蔬菜 （茄果类）	番茄类 番茄、樱桃番茄等	全果（去柄）
	其他茄果类 茄子、辣椒、甜椒、黄秋葵、酸浆等	全果（去柄）
蔬菜 （瓜类）	黄瓜、腌制用小黄瓜	全瓜（去柄）
	小型瓜类 西葫芦、节瓜、苦瓜、丝瓜、线瓜、瓠瓜等	全瓜（去柄）
	大型瓜类 冬瓜、南瓜、笋瓜等	全瓜（去柄）
蔬菜 （豆类）	荚可食类 豇豆、菜豆、食荚豌豆、四棱豆、扁豆、刀豆等	全豆（带荚）
	荚不可食类 菜用大豆、蚕豆、豌豆、利马豆等	全豆（去荚）
蔬菜（茎类）	芦笋、朝鲜蓟、食用大黄、茎用莴苣等	整棵

（续）

食品类别	类别说明	测定部位
蔬菜 （根茎类和 薯芋类）	根茎类 萝卜、胡萝卜、根甜菜、根芹菜、根芥菜、姜、辣根、 芜菁、桔梗等	整棵，去除顶部叶及叶柄
	马铃薯	全薯
	其他薯芋类 甘薯、山药、牛蒡、木薯、芋、葛、魔芋等	全薯
蔬菜 （水生类）	茎叶类 水芹、豆瓣菜、茭白、蒲菜等	整棵，茭白去除外皮
	果实类 菱角、芡实、莲子（鲜）等	全果（去壳）
	根类 莲藕、荸荠、慈姑等	整棵
蔬菜 （芽菜类）	绿豆芽、黄豆芽、萝卜芽、苜蓿芽、花椒芽、香椿 芽等	全部
蔬菜 （其他类）	黄花菜（鲜）、竹笋、仙人掌、玉米笋等	全部
干制蔬菜	脱水蔬菜、番茄干、马铃薯干、萝卜干、黄花菜 （干）等	全部
水果 （柑橘类）	柑、橘、橙、柠檬、柚、佛手柑、金橘等	全果（去柄）
水果 （仁果类）	苹果、梨、山楂、枇杷、榅桲等	全果（去柄），枇杷、山 楂参照核果
水果 （核果类）	桃、油桃、杏、枣（鲜）、李子、樱桃、青梅等	全果（去柄和果核），残 留量计算应计入果核的重量
水果 （浆果和 其他 小型类 水果）	藤蔓和灌木类 枸杞（鲜）、黑莓、蓝莓、覆盆子、越橘、加仑子、悬 钩子、醋栗、桑葚、唐棣、露莓（包括波森莓和罗甘 莓）等	全果（去柄）
	小型攀缘类 皮可食：葡萄（鲜食葡萄和酿酒葡萄）、树番茄、五味 子等 皮不可食：猕猴桃、西番莲等	全果（去柄）
	草莓	全果（去柄）

（续）

食品类别	类别说明	测定部位
水果（热带和亚热带类水果）	皮可食 柿子、杨梅、橄榄、无花果、阳桃、莲雾等	全果（去柄），杨梅、橄榄检测果肉部分，残留量计算应计入果核的重量
	皮不可食 小型果：荔枝、龙眼、红毛丹等	全果（去柄和果核），残留量计算应计入果核的重量
	中型果：芒果、石榴、鳄梨、番荔枝、番石榴、黄皮、山竹等	全果，鳄梨和芒果去除核，山竹测定果肉，残留量计算应计入果核的重量
	大型果：香蕉、番木瓜、椰子等	香蕉测定全蕉；番木瓜测定去除果核的所有部分，残留量计算应计入果核的重量；椰子测定椰汁和椰肉
	带刺果：菠萝、波罗蜜、榴梿、火龙果等	菠萝、火龙果去除叶冠部分；波罗蜜、榴梿测定果肉，残留量计算应计入果核的重量
水果（瓜果类）	西瓜	全瓜
	甜瓜类 薄皮甜瓜、网纹甜瓜、哈密瓜、白兰瓜、香瓜、香瓜茄等	全瓜
干制水果	柑橘脯、柑橘肉（干）、李子干、葡萄干、干制无花果、无花果蜜饯、枣（干）、苹果干等	全果（测定果肉，残留量计算应计入果核的重量）
坚果	小粒坚果 杏仁、榛子、腰果、松仁、开心果等	全果（去壳）
	大粒坚果 核桃、板栗、山核桃、澳洲坚果等	全果（去壳）
糖料	甘蔗	整根甘蔗，去除顶部叶及叶柄
	甜菜	整根甜菜，去除顶部叶及叶柄

（续）

食品类别	类别说明	测定部位
饮料类	茶叶	
	咖啡豆、可可豆	
	啤酒花	
	菊花（鲜）、菊花（干）、玫瑰花、茉莉花等	
	果汁 蔬菜汁：番茄汁等 水果汁：橙汁、苹果汁、葡萄汁等	
食用菌	蘑菇类 香菇、金针菇、平菇、茶树菇、竹荪、草菇、羊肚菌、牛肝菌、口蘑、松茸、双孢蘑菇、猴头菇、白灵菇、杏鲍菇等	整棵
	木耳类 木耳、银耳、金耳、毛木耳、石耳等	整棵
调味料	叶类 芫荽、薄荷、罗勒、艾蒿、紫苏、留兰香、月桂、欧芹、迷迭香、香茅、姜叶、马郁兰、夏香草等	整棵，去除根
	干辣椒	全果（去柄）
	果类 花椒、胡椒、豆蔻、孜然、番茄酱等	全果
	种子类 芥末、八角茴香、小茴香籽、芫荽籽等	果实整粒
	根茎类 桂皮、山葵等	整棵
药用植物	根茎类 人参（鲜）、人参（干）、三七块根（干）、三七须根（干）、贝母（鲜）、贝母（干）、天麻、甘草、半夏、当归、白术（鲜）、白术（干）、百合（干）、元胡（鲜）、元胡（干）等	根、茎部分
	叶及茎秆类 车前草、鱼腥草、艾、蒿、石斛（鲜）、石斛（干）等	茎、叶部分
	花及果实类 枸杞（干）、金银花、银杏、三七花（干）等	花、果实部分

四、样本的缩分

本部分摘自 NY/T 789—2004。

1. 谷物样本 样本经粉碎后，过 0.5 mm 孔径筛，按四分法缩分取 250～500 g 保存待测。

2. 小体积蔬菜和水果 均匀混合后，按四分法缩分，用组织捣碎机或匀浆器处理后取 250～500 g 保存待测。

3. 大体积蔬菜和水果 切碎后，按四分法缩分，取 600～800 g 保存待测。

4. 冷冻样本 冷冻状态下破碎后进行缩分。如需解冻处理，须立即测定。

五、样品制备

本部分摘自 NY/T 3304—2018。

1. 设施设备 制样场所应洁净卫生，且与样品制备工作相适应，对可能存在相互影响的制样区域，应有效隔离。制备中产生粉尘的制样区域，应配有通风设施。对制样场所环境温度有要求的，应配备空调等温控设备。

制样设备与器具应适用、清洁、易于清洗，不应对样品造成污染。常用设备与器具主要有砻谷机、精米机；样品粉碎用匀浆机、组织捣碎机、粉碎机、研磨机或研磨钵；样品烘箱、不锈钢刀具、砧板、样品筛、样品瓶等。

重金属等元素检测样品制备宜采用陶瓷、玛瑙等材质的制样设备和尼龙筛；邻苯二甲酸酯类（塑化剂）检测样品制备时，应使用非塑料材质用具。

2. 制备

（1）实验室样品应按检测项目所依据的方法标准或 NY/T 3304—2018 的要求制备；对于性状易变、待测组分不稳定等有检测时间规定的样品接收后应尽快安排制备；微生物样品按 GB 4789.1 及相关食品安全标准的规定执行。

（2）制备过程不应对样品产生污染。每处理完一个样品，应对制样器具进行清洁，避免交叉污染。干样制备时，先取少量预处理和缩分后的样品放入洁净的粉碎机中粉碎，将其弃去，再用粉碎机粉碎剩余样品。用于农药残留检测的样品应全部过 0.425 mm（40 目）孔径筛；用于重金属元素检测的样品根据方法标准要求，研磨至全部通过 0.250～0.425 mm（40～60 目）孔径的尼龙筛，分装于聚乙烯容器中。

（3）制备好的样品分成试样、留样和备样（需要时），每份样品一般不少于 100 g，分别盛装在洁净、容量合适的容器中，密封。待测组分不稳定的样品，宜分装多份，避免检测中反复冻融。

（4）盛装样品容器不应对样品产生污染，保存和流转中不易破损。宜选用聚乙烯、玻璃等惰性材质容器，需冷冻保存的样品不宜使用塑料袋盛装。

（5）制备好的样品需加贴样品标识，标识内容应包含样品名称、唯一性编号、样品性质（试样、留样、备样）、检测状态（待检、在检、检毕），必要时标识检测项目、样品状态和保存条件等。字迹清晰可辨，粘贴牢固，保证标识在流转和检测过程中不脱落、不损坏。

（6）完成制备工作后，应及时清洁制样场所、设备和器具，防止残留物污染。

（7）样品制备应有记录，包含样品编号，制样时间，制样方法，试样制备前后样品状态，制样人员，试样、留样、备样数量或质量等信息。

第四节　农产品样品管理技术规范

本节内容摘自 NY/T 3304—2018。

1. 基本概念

（1）实验室样品。按采样方案得到的、送往实验室用于检验或检测和留存备查的样品。

（2）试样。由实验室样品按规定方法制备的，用于抽取试料的样品。

（3）留样。与试样同时同样制备的、日后可能用作试样的样品。

（4）备样。与试样同样制备的、在有争议时可被有关方面接受用作试样的样品。

（5）试料。从试样中取得的，并用以检验或检测的一定量的物料。

2. 一般要求

（1）应确保样品的真实性、代表性以及信息的完整性。

（2）应建立样品管理程序，有样品接收、制备、保存、流转、复检和处置等相应的记录。

（3）应指定专人负责样品的接收、制备、保存和处置。

（4）必要时，应建立有毒有害物质和生物安全风险的识别和控制程序。

3. 样品接收

（1）应设置相对独立的样品接收区域，并配备必要的样品称量和暂存设备。

（2）接收样品时应填写委托书，确认以下信息：

① 样品名称（包括编号）、数量、商标、规格型号、等级、样品状态、保质期等。

② 检测项目、检验依据、检测方法等。

③ 到样日期、约定完成时间、送检单位、送检人、联系方式等。

④ 分包、复检、检后样品处理等。

接收抽检样品时，还应确认样品信息与抽样文书相符，检查封样的完整性，以及其他可能对检验结论产生影响的情况，对不符合抽样和检测要求的，应做好记录并报告。需要样品制备后保留备样的，应有受检方接受的说明。

（3）对于性状易变、待测组分不稳定、微生物检测等不宜复检的样品，应在委托书上注明，并尽快通知检测人员，在规定时间内检测。

（4）接收的实验室样品应加贴标识，标识内容包括样品名称、唯一性编号、检测项目等；异地抽样对已完成制备的样品接收时，应按制备后样品标识要求加贴标签。

（5）实验室样品接收后，应及时入库保存。

4. 样品保存

（1）设施设备。有样品室（保存场所），且清洁、整齐、干燥、通风良好，有防虫、防鼠和防潮措施，避免阳光直晒。必要时，采取防盗措施，防止样品丢失。样品室（保存场所）按样品保存要求配备相应的样品柜、冷库、冰箱、冰柜、空调、除湿机和温湿度监控等设施设备。

（2）保管。

① 样品室（保存场所）应专人管理，相关人员未经允许不得进入。

② 样品制备前后均应根据样品特性、包装方式，以及检测项目所依据的方法标准要求或 NY/T 3304—2018 的规定保存样品，保证样品性质和待检物质保持稳定。感官检测样品原样保存，及时检验；微生物检测样品原样保存，尽快检验，若不能及时检验，应采取必要的措施，防止样品中原有微生物因客观条件的干扰而发生变化。药物残留等待测组分不稳定的样品均应冷冻保存。当天检测的试样可暂时冷藏保存。

③ 试样、留样和备样的保存场所应区分，并标识；待检、在检和检毕样品分类存放；宜按检验类别、样品种类、检测项目等分区存放，便于查找，防止混淆。

④ 样品保存期间应定期检查，确认并记录保存环境条件，高温季节应做好降温和库内通风散热，防止样品受到污染、变质、丢失或损坏。

5. 试样流转

（1）根据检测要求领取试样，核对试样信息，检查试样数量、状态、包装密封等情况，领取符合要求的试样，做好记录；不符合检测要求的，应重新制备。

（2）流转过程中，应检查和记录样品状态，如发现试样变质、损坏等异常状态，应按程序启用留样检测。

（3）冷冻样品解冻后应尽快检测，待测组分不稳定的样品不宜多次解冻用于检测。

（4）检测完成后，应根据样品管理程序要求，及时返还（必要时），并记录样品状态及数量。

6. 样品复检　　当检测过程或检测结果出现异常，需要复检时，履行审批手续后启用留样，并按"试样流转"的规定领用。当异议处理或仲裁复议时，应按程序，经相关方确认后，启用备样。性状易变、待测组分不稳定或微生物检测等样品不进行复检。

7. 样品处置

（1）样品应至少保存到检验报告异议期结束后或产品规定保质期。政府下达的指令性检测任务或约定检测任务，样品保存时间按任务实施方案或合同要求执行。

（2）按样品管理程序要求提出样品处置申请，批准后处置样品，并记录。

（3）样品处置应根据其特性，在保证对人员和环境健康安全没有影响的情况下，分类处理；当具有危害性的样品，实验室无法自行处理时，应交由专业废弃物处理机构处置，并保留处理记录。

第二章

农药残留检测方法

第一节　概　　述

随着现代农业的发展，农药在防治作物病虫草害上起到极为重要的作用，为了保证农作物的产量和储存安全，农药被广泛使用。农药种类繁多，目前已在我国登记农药有效成分 700 余种。由于农药的不规范使用，农药残留急性中毒事件每年都有发生，政府部门对农药安全使用管理及农产品农药残留的监测力度也越来越强，在《食品安全国家标准　食品中农药最大残留限量》（GB 2763—2021）和《食品安全国家标准　食品中 2,4-滴丁酸钠盐等 112 种农药最大残留限量》（GB 2763.1—2022）中共针对 586 种农药制定了最大残留限量。

农药残留检测是进行农产品质量安全监管的技术支撑，是评价其风险、制定监管政策和安全农业生产的科学依据。农药残留检测是一种比较复杂的分析技术，其主要特点如下：一是样品中农药的含量很少，每千克样品中仅有毫克、微克量级的农药，而种植业农产品样品中的干扰物质如脂肪、糖、淀粉、蛋白质、各种色素和无机盐等含量都远远大于农药含量，这决定了农药残留分析方法对灵敏度要求很高，对提取、净化等前处理要求也很高。二是农药品种繁多，目前在我国经常使用的农药品种多达数百个，各类农药的性质差异很大，有些还需要检测有毒理学意义的降解物、代谢物或者杂质，需要根据各类农药目标物特点确定残留分析方法。三是样品基质复杂多样，GB 2763—2021 中列举的蔬菜达 100 多种，不同种类的蔬菜基质效应存在差异，影响定量结果的准确性。

种植业农产品农药残留检测一般步骤包括样品制备、样品前处理（提取、净化）、仪器分析三大部分。样品前处理技术是决定检测是否准确的关键。现有的农药残留研究和国家标准方法采用的样品前处理方法主要是固相萃取法

（SPE）和 QuEChERS 法。固相萃取法作为 20 世纪 80 年代中期发展起来的样品前处理技术，目前无论是商品化 SPE 填料还是应用方法都已经非常成熟，在日常检测中大量使用。与传统的 SPE 前处理方法相比，QuEChERS 方法进一步简化了前处理的烦琐步骤，省略了浓缩提取物溶液和洗脱固相萃取柱、浓缩洗脱液的过程。由于其操作简单、耗时短、有机溶剂使用少等特点，在过去 20 年中成为发展最快的前处理方法，已广泛应用于种植业农产品中的农残检测，近几年最新发布的农产品检测国家标准均可采用 QuEChERS 作为前处理方法以提高检测效率。

农药残留分析仪器主要有色谱仪、色谱-质谱联用仪、荧光分光光度计等。色谱仪利用各组分在色谱柱的固定性和流动相中分配系数的不同来达到分离的目的，根据保留时间来表征不同的物质。在质谱技术广泛应用前，主要依靠气相色谱对有机磷、有机氯农药残留进行分析，液相色谱对氨基甲酸酯类农药残留进行分析。由于样品基质复杂，农残检测存在干扰，仅依靠保留时间定性会导致假阳性结果的产生。质谱技术依据质荷比和离子丰度比进行定性，极大地加强了定性的准确性，色谱-质谱联用仪将色谱与质谱联用，融合了色谱的高分离能力和质谱的强定性能力，是目前农残分析方法中首选的仪器。虽然色谱-质谱联用仪实现了高通量定性及定量分析，但有些特异性农药由于在质谱上不易离子化，在色谱仪器上检测效果更好。

近年来，高灵敏度、高分辨率的新型质谱检测技术迅速发展，广泛应用于蔬菜、水果、茶叶、粮谷等农产品中农药残留非靶向筛查，特别是三重四极杆飞行时间质谱（Q-TOF-MS）和静电场轨道阱（Q-Orbitrap-MS），Q-TOF-MS 根据带电粒子在电场中飞行时间的差异对不同质荷比的离子进行分离，分辨率在 10 000～50 000 FWHM，扫描速度快。Q-Orbitrap-MS 在 2005 年实现商品化，分辨率更高可达 140 000 FWHM，实际应用中一级质谱多采用 70 000 FWHM，扫描速度较 Q-TOF-MS 低。高分辨质谱的数据采集采用全扫方式，利用化合物信息数据库（含精确质量数、同位素丰度比、保留时间等信息）结合二级碎片离子谱库同时对数百种至上千种农药进行检索、比对，以达到对待测样品中未知化合物的快速精准定性。由于高分辨质谱可以非靶向、高通量识别农产品中潜在危害因子，已成为快速发现潜在风险、实现由"被动应对"转变为"事前防控"的国际通行方法，但目前我国还未有高分辨质谱相关的食品安全国家标准。

目前，我国已制定了 400 多项农药残留检测方法标准，包括国家标准（GB）、农业行业标准（NY）和商检行业标准（SN）等，其中 190 多项标准被 GB 2763—2021 引用。方法标准根据分析农药残留种类的不同分为 3 类：单一农药残留分析、单一类型农药多残留分析和多类多残留分析。单一类型农药多残留分析，也称为选择性多残留方法（selective multi‑residue method），这类方法标准占比最大，如有机磷农药多残留分析、磺酰脲除草剂多残留分析等。另一类适用于不同类型农药残留分析，也称多类多残留方法（multi‑class multi‑residue method），农药的多残留检测一直是分析化学工作者追求的目标，是农药残留分析的研究重点和发展趋势，目前可同时分析的农药可达几百种。由于不同农药的理化性质存在较大差异，目前没有哪一种多残留分析方法能同时涵盖所有农药，某些农药具有特殊性质，如不稳定、易挥发、两性离子或几乎不溶于任何溶剂，对于这些农药，只能进行单一农药残留分析。

不同方法标准具有各自的优势与不足，需根据实验室的仪器条件和所测参数合理选择检测方法标准，最大限度地发挥各项检测技术的优势，获取高质量检测结果。本章介绍目前部级质检中心广泛采用的部分种植业农产品农药残留检测色谱和质谱标准方法，以期为提升农药残留的检测技术水平和检测效率、维护农产品安全提供助力。

第二节　色　谱　法

一、蔬菜和水果中有机氯类、拟除虫菊酯类农药多残留的测定

本方法摘自 NY/T 761—2008。

（一）方法一

本部分规定了蔬菜和水果中 α‑666、β‑666、δ‑666、o,p'‑DDE、p,p'‑DDE、o,p'‑DDD、p,p'‑DDD、o,p'‑DDT、p,p'‑DDT、七氯、艾氏剂、异菌脲、联苯菊酯、顺式氯菊酯、氯菊酯、氟氯氰菊酯、西玛津、莠去津、五氯硝基苯、林丹、乙烯菌核利、敌稗、三氯杀螨醇、硫丹、高效氯氟氰菊酯、氯硝胺、六氯苯、百菌清、三唑酮、腐霉利、丁草胺、狄氏剂、异狄氏剂、胺菊酯、甲氰菊酯、乙酯杀螨醇、氟胺氰菊酯、氟氰戊菊酯、氯氰菊酯、氰戊菊酯、溴氰菊酯共 41 种有机氯类、拟除虫菊酯类农药多残留气相色谱检测方法。本方法检出限为 0.000 1～0.01 mg/kg（参见 NY/T 761—2008 附录 A）。

1. 原理 试样中有机氯类、拟除虫菊酯类农药用乙腈提取，提取液经过滤、浓缩后，采用固相萃取柱分离、净化，淋洗液经浓缩后，用双塔自动进样器同时将样品溶液注入气相色谱仪的 2 个进样口，农药组分经不同极性的 2 根毛细管柱分离，电子捕获检测器（ECD）检测。双柱保留时间定性，外标法定量。

2. 试剂与材料 除非另有说明，在分析中仅使用确认为分析纯的试剂和 GB/T 6682 中规定的至少二级的水。

（1）乙腈。

（2）丙酮，重蒸。

（3）己烷，重蒸。

（4）氯化钠，140 ℃烘烤 4 h。

（5）固相萃取柱，弗罗里硅柱（Florisil®），容积 6 mL，填充物 1 000 mg。

（6）铝箔。

（7）农药标准品见表 2-1。

表 2-1　41 种有机氯农药及拟除虫菊酯类农药标准品

序号	中文名	英文名	纯度（%）	溶剂	组别
1	α-666	α-BHC	≥96	正己烷	I
2	西玛津	simazine	≥96	正己烷	I
3	莠去津	atrazine	≥96	正己烷	I
4	δ-666	δ-BHC	≥96	正己烷	I
5	七氯	heptachlor	≥96	正己烷	I
6	艾氏剂	aldrin	≥96	正己烷	I
7	o，p'-DDE	o，p'-DDE	≥96	正己烷	I
8	p，p'-DDE	p，p'-DDE	≥96	正己烷	I
9	o，p'-DDD	o，p'-DDD	≥96	正己烷	I
10	p，p'-DDT	p，p'-DDT	≥96	正己烷	I
11	异菌脲	iprodione	≥96	正己烷	I
12	联苯菊酯	bifenthrin	≥96	正己烷	I
13	顺式氯菊酯	cis-permethrin	≥96	正己烷	I
14	氟氯氰菊酯	cyfluthrin	≥96	正己烷	I
15	氟胺氰菊酯	tau-fluvalinate	≥96	正己烷	I
16	β-666	β-BHC	≥96	正己烷	I

（续）

序号	中文名	英文名	纯度（%）	溶剂	组别
17	林丹	y-BHC	≥96	正己烷	Ⅱ
18	五氯硝基苯	pentachloronitrobenzene	≥96	正己烷	Ⅱ
19	敌稗	propanil	≥96	正己烷	Ⅱ
20	乙烯菌核利	vinclozolin	≥96	正己烷	Ⅱ
21	硫丹	endosulfan	≥96	正己烷	Ⅱ
22	p，p'-DDD	p，p'-DDD	≥96	正己烷	Ⅱ
23	三氯杀螨醇	dicofol	≥96	正己烷	Ⅱ
24	高效氯氟氰菊酯	lambda-cyhalothrin	≥96	正己烷	Ⅱ
25	氯菊酯	permethrin	≥96	正己烷	Ⅱ
26	氟氰戊菊酯	flucythrinate	≥96	正己烷	Ⅱ
27	氯硝胺	dicloran	≥96	正己烷	Ⅱ
28	六氯苯	hexachlorobenzene	≥96	正己烷	Ⅲ
29	百菌清	chlorothalonil	≥96	正己烷	Ⅲ
30	三唑酮	traidimefon	≥96	正己烷	Ⅲ
31	腐霉利	procymidone	≥96	正己烷	Ⅲ
32	丁草胺	butachlor	≥96	正己烷	Ⅲ
33	狄氏剂	dieldrin	≥96	正己烷	Ⅲ
34	异狄氏剂	endrin	≥96	正己烷	Ⅲ
35	乙酯杀螨醇	chlorobenzilate	≥96	正己烷	Ⅲ
36	o，p'-DDT	o，p'-DDT	≥96	正己烷	Ⅲ
37	胺菊酯	tetramethrin	≥96	正己烷	Ⅲ
38	甲氟菊酯	fenpropathrin	≥96	正己烷	Ⅲ
39	氯氰菊酯	cypermethrin	≥96	正己烷	Ⅲ
40	氰戊菊酯	fenvalerate	≥96	正己烷	Ⅲ
41	溴氰菊酯	deltamethrin	≥96	正己烷	Ⅲ

（8）农药标准溶液配制：准确称取一定量（精确至 0.1 mg）农药标准品，用正己烷稀释，逐一配制成 1 000 mg/L 单一农药标准储备液，储存在−18 ℃以下冰箱中。使用时，根据各农药在对应检测器上的响应值，准确吸取适量的标准储备液，用正己烷稀释配制成所需的标准工作液。

将 41 种农药分为 3 组，按照表 2-1 中的组别，根据各农药在仪器上的响应值，逐一吸取一定体积的同组别的单个农药储备液分别注入同一容量瓶中，用正己烷稀释至刻度，采用同样方法配制成 3 组农药混合标准储备溶液。使用前，用正己烷稀释成所需质量浓度的标准工作液。

3. 仪器设备

（1）气相色谱仪，配有双电子捕获检测器（ECD），双塔自动进样器，双分流/不分流进样口。

（2）分析实验室常用仪器设备。

（3）食品加工器。

（4）涡旋混合器。

（5）匀浆机。

（6）氮吹仪。

4. 测定步骤

（1）试样制备。按 GB/T 8855 抽取蔬菜、水果样品，取可食部分，经缩分后，将其切碎，充分混匀放入食品加工器粉碎，制成待测样。放入分装容器中，于 -20～-16 ℃ 条件下保存，备用。

（2）提取。准确称取 25.0 g 试样放入匀浆机中，加入 50.0 mL 乙腈，在匀浆机中高速匀浆 2 min 后用滤纸过滤，滤液收集到装有 5～7 g 氯化钠的 100 mL 具塞量筒中，收集滤液 40～50 mL，盖上塞子，剧烈振荡 1 min，在室温下静置 30 min，使乙腈相和水相分层。

（3）净化。从 100 mL 具塞量筒中吸取 10.00 mL 乙腈溶液，放入 150 mL 烧杯中，将烧杯放在 80 ℃ 水浴锅上加热，杯内缓缓通入氮气或空气流，蒸发近干，加入 2.0 mL 正己烷，盖上铝箔，待净化。

将弗罗里硅柱依次用 5.0 mL 丙酮+正己烷（10+90）、5.0 mL 正己烷预淋洗，条件化。当溶剂液面到达柱吸附层表面时，立即倒入上述待净化溶液，用 15 mL 刻度离心管接收洗脱液，用 5 mL 丙酮+正己烷（10+90）冲洗烧杯后淋洗弗罗里硅柱，并重复一次。将盛有淋洗液的离心管置于氮吹仪上，在水浴温度 50 ℃ 条件下，氮吹蒸发至小于 5 mL，用正己烷定容至 5.0 mL，在涡旋混合器上混匀，分别移入 2 个 2 mL 自动进样器样品瓶中，待测。

（4）测定。

① 色谱参考条件。

a）预柱：1.0 m，0.25 mm 内径，脱活石英毛细管柱。

分析柱采用 2 根色谱柱，分别为：

A柱：100%聚甲基硅氧烷（DB-1或HP-1）柱，30 m×0.25 mm×0.25 μm，或相当者；

B柱：50%聚苯基甲基硅氧烷（DB-17或HP-50+）柱，30 m×0.25 mm×0.25 μm，或相当者。

b）进样口温度：200 ℃，检测器温度：320 ℃。

c）柱温：150 ℃（保持2 min）$\xrightarrow{6\,℃/min}$270 ℃（保持8 min，测定溴氰菊酯时保持23 min）。

d）载气：氮气，纯度≥99.999%，流速为1 mL/min。辅助气：氮气，纯度≥99.999%，流速为60 mL/min。

e）分流进样，分流比10∶1。样品溶液一式两份，由双塔自动进样器同时进样。

② 色谱分析。由自动进样器分别吸取1.0 μL标准混合溶液和净化后的样品溶液注入色谱仪中，以双柱保留时间定性，以A柱获得的样品溶液峰面积与标准溶液峰面积比较定量。

5. 结果

（1）定性分析。双柱测得的样品溶液中未知组分的保留时间（RT）分别与标准溶液在同一色谱柱上的保留时间（RT）相比较，如果样品溶液中某组分的2组保留时间与标准溶液中某一农药的2组保留时间相差都在±0.05 min内的可认定为该农药。

（2）定量结果计算。试样中被测农药残留量以质量分数 ω 计，单位以毫克每千克（mg/kg）表示，按公式（2-1）计算。

$$\omega = \frac{V_1 \times A \times V_3}{V_2 \times A_S \times m} \times \rho \qquad (2-1)$$

式中：

ρ ——标准溶液中农药的质量浓度，单位为毫克每升（mg/L）；

A ——样品溶液中被测农药的峰面积；

A_S ——农药标准溶液中被测农药的峰面积；

V_1 ——提取溶剂的总体积，单位为毫升（mL）；

V_2 ——吸取出用于检测的提取溶液的体积，单位为毫升（mL）；

V_3 ——样品溶液的定容体积，单位为毫升（mL）；

m ——试样的质量，单位为克（g）。

计算结果保留2位有效数字，当结果大于1 mg/kg时，保留3位有效数字。

6. 精密度 NY/T 761—2008精密度数据是按照GB/T 6379.2的规定确

定的，获得重复性和再现性的值以 95% 的可信度来计算。本方法的精密度数据参见 NY/T 761—2008 附录 A。

7. 色谱图 色谱图见图 2-1 至图 2-3。

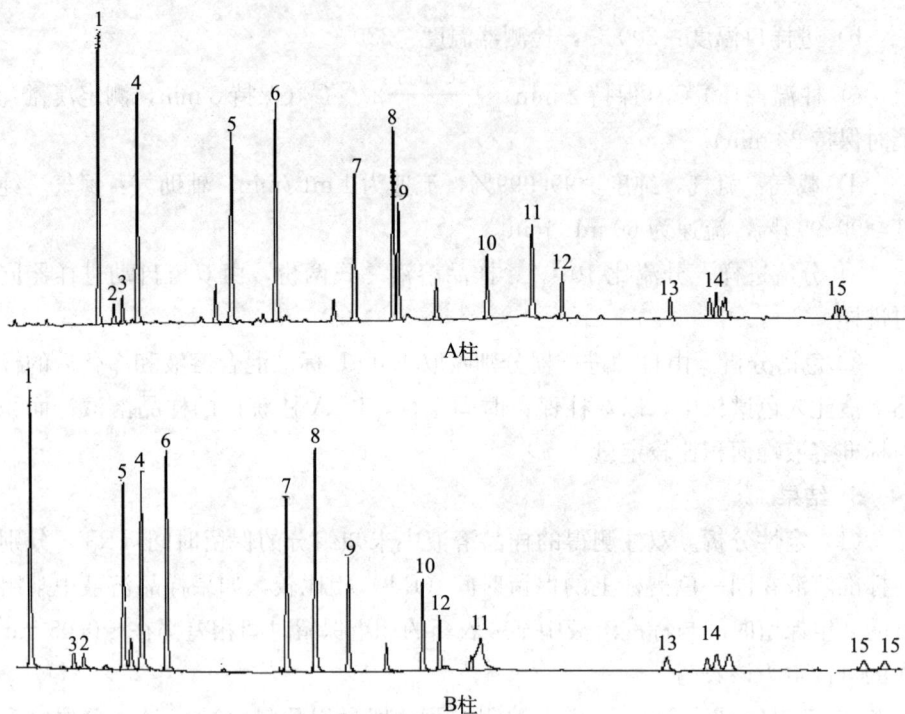

图 2-1 第 Ⅰ 组有机氯标准溶液

1.α-666 2.西玛津 3.莠去津 4.δ-666 5.七氯 6.艾氏剂 7.o,p'-DDE

8.p,p'-DDE 9.o,p'-DDD 10.p,p'-DDT 11.异菌脲 12.联苯菊酯

13.顺式氯菊酯 14.氟氯氰菊酯 15.氟胺氰菊酯

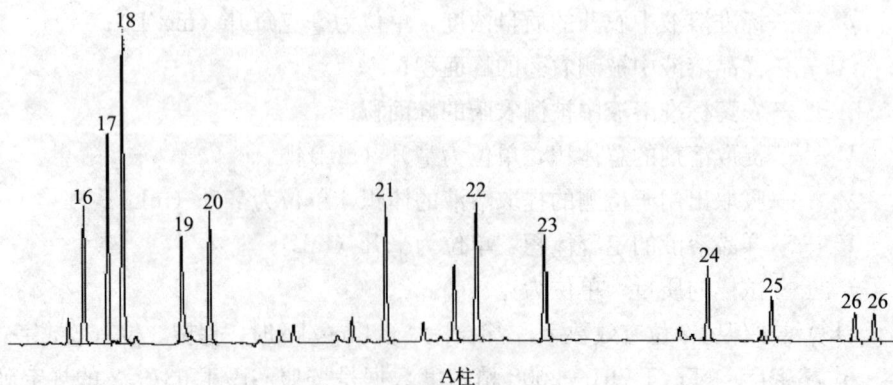

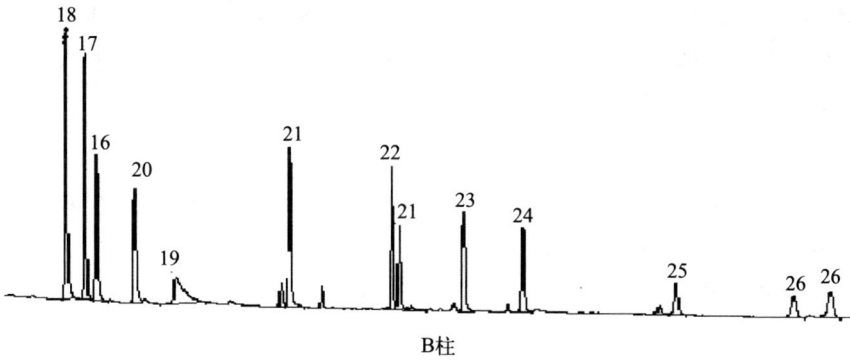

图2-2 第Ⅱ组有机氯标准溶液

16. β-666　17. 林丹　18. 五氯硝基苯　19. 敌稗　20. 乙烯菌核利　21. 硫丹

22. p,p′-DDD　23. 三氯杀螨醇　24. 高效氯氟氰菊酯　25. 氯菊酯　26. 氟氰戊菊酯

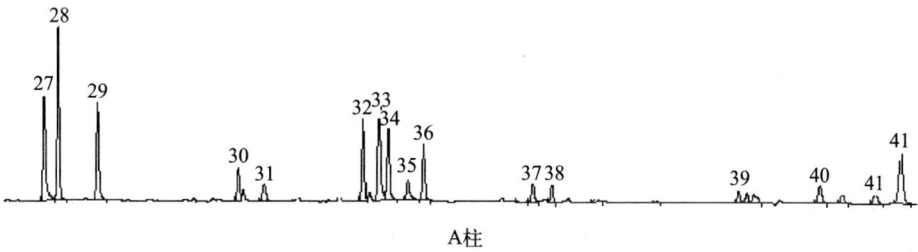

图2-3 第Ⅲ组有机氯标准溶液

27. 氯硝胺　28. 六氯苯　29. 百菌清　30. 三唑酮　31. 腐霉利　32. 丁草胺　33. 狄氏剂

34. 异狄氏剂　35. 乙酯杀螨醇　36. o,p′-DDT　37. 胺菊酯　38. 甲氰菊酯

39. 氯氰菊酯　40. 氰戊菊酯　41. 溴氟菊酯

（二）方法二

1. 原理　试样中有机氯、拟除虫菊酯类农药用乙腈提取，提取液经过滤、

23

浓缩后，采用固相萃取柱分离、净化，淋洗液经浓缩后，被注入气相色谱，农药组分经毛细管柱分离，用电子捕获检测器（ECD）检测。保留时间定性，外标法定量。

2. 试剂与材料 同方法一。

3. 仪器设备 气相色谱仪，带电子捕获检测器（ECD），毛细管进样口。其余仪器设备同方法一。

4. 分析步骤

（1）试样制备、提取、净化。同方法一。

（2）测定。

① 色谱参考条件。

a）预柱：1.0 m（0.25 mm 内径，脱活石英毛细管柱）；

分析柱：100％聚甲基硅氧烷（DB-1 或 HP-1）柱，30 m×0.25 mm×0.25 μm。

b）温度：同方法一。

c）气体及流量：同方法一。

d）进样方式：同方法一。

② 色谱分析。分别吸取 1.0 μL 标准混合溶液和净化后的样品溶液注入色谱仪中，以保留时间定性，以样品溶液峰面积与标准溶液峰面积比较定量。

5. 结果表述 同方法一。

6. 精密度 同方法一。

7. 色谱图 同方法一中 A 柱色谱图。

二、植物源性食品中 9 种氨基甲酸酯类农药及其代谢物残留量的测定液相色谱-柱后衍生法

本方法摘自 GB 23200.112—2018。

1. 原理 试样用乙腈提取，提取液经固相萃取或分散固相萃取净化，使用带荧光检测器和柱后衍生系统的高效液相色谱仪检测，外标法定量。

2. 试剂和材料 除非另有说明，在分析中仅使用分析纯的试剂，水为 GB/T 6682 规定的一级水。

（1）试剂。

① 乙腈（CH_3CN，CAS 号：75-05-8）。

② 甲醇（CH_3OH，CAS 号：67-56-1）：色谱纯。

③ 二氯甲烷（CH_2Cl_2，CAS 号：75-09-2）：色谱纯。

④ 甲苯（C_7H_8，CAS 号：108-88-3）：色谱纯。

⑤ 氯化钠（NaCl，CAS 号：7647-14-5）。

⑥ 邻苯二甲醛（$C_8H_6O_2$，CAS 号：643-79-8）。

⑦ 2-二甲胺基乙硫醇盐酸盐（$C_4H_{12}ClNS$，CAS 号：13242-44-9），或相当者。

⑧ 无水硫酸镁（$MgSO_4$，CAS 号：7487-88-9）。

⑨ 醋酸钠（CH_3COONa，CAS 号：6131-90-4）。

⑩ 氢氧化钠（NaOH，CAS 号：1310-73-2）。

⑪ 十水四硼酸钠（$Na_2B_4O_7 \cdot 10H_2O$，CAS 号：1303-96-4）。

（2）溶液配制。

① 甲醇-二氯甲烷溶液（1+99，体积比）：量取 10 mL 甲醇加入 990 mL 二氯甲烷中，混匀。

② 乙腈-甲苯溶液（3+1，体积比）：量取 100 mL 甲苯加入 300 mL 乙腈中，混匀。

③ 氢氧化钠溶液（0.05 mol/L）：称取 2.0 g 氢氧化钠，用水溶解并定容至 1 000 mL，混匀。

④ 十水四硼酸钠溶液（4 g/L）：称取 4.0 g 十水四硼酸钠，用水溶解并定容至 1 000 mL，混匀。

⑤ OPA 试剂：称取 50.0 mg 邻苯二甲醛，溶于 5 mL 甲醇中，混匀；再称取 1.0 g 2-二甲胺基乙硫醇盐酸盐，溶于 5 mL 十水四硼酸钠溶液，混匀；将上述 2 种溶液倒入 490 mL 十水四硼酸钠溶液，混匀。

（3）标准品。9 种氨基甲酸酯类农药及其代谢物标准品参见 GB 23200.112—2018 附录 A，纯度≥95%。

（4）标准溶液配制。

① 标准储备溶液（1 000 mg/L）：准确称取 10 mg（精确至 0.1 mg）各农药标准品，用甲醇溶解并分别定容到 10 mL。标准储备溶液避光−18 ℃保存，有效期 1 年。

② 混合标准溶液：准确吸取一定量的单个农药储备溶液于 10 mL 容量瓶中，用甲醇定容至刻度。混合标准溶液，避光 0～4 ℃保存，有效期 1 个月。

（5）材料。

① 固相萃取柱 1：氨基填料（NH_2）500 mg，6 mL。

② 固相萃取柱 2：石墨化炭黑填料（GCB）500 mg，氨基填料（NH_2）500 mg，6 mL。

③ 乙二胺-N-丙基硅烷硅胶（PSA）：40～60 μm。

④ 十八烷基甲硅烷改性硅胶（C_{18}）：40～60 μm。

⑤ 陶瓷均质子：2 cm（长）×1 cm（外径）。

⑥ 微孔滤膜（有机相）：0.22 μm×25 mm。

（6）仪器设备。

① 液相色谱仪：配有柱后衍生反应装置和荧光检测器（FLD）。

② 分析天平：感量分别为 0.1 mg 和 0.01 g。

③ 高速匀浆机：转速不低于 15 000 r/min。

④ 高速离心机：转速不低于 4 200 r/min。

⑤ 组织捣碎机。

⑥ 旋转蒸发仪。

⑦ 氮吹仪：可控温。

⑧ 涡旋振荡器。

3. 试样制备与储存

（1）试样制备。蔬菜和水果的取样量按照相关标准的规定执行，食用菌样品随机取样 1 kg。样品取样部位按照 GB 2763 的规定执行。对于个体较小的样品，取样后全部处理；对于个体较大的基本均匀样品，可在对称轴或对称面上分割或切成小块后处理；对于细长、扁平或组分含量在各部分有差异的样品，可在不同部位切取小片或截成小段后处理；取后的样品将其切碎，充分混匀，用四分法取样或直接放入组织捣碎机中捣碎成匀浆，放入聚乙烯瓶中。

取谷类样品 500 g，粉碎后使其全部可通过 425 μm 的标准网筛，放入聚乙烯瓶或袋中。取油料作物、茶叶、坚果和香辛料各 500 g，粉碎后充分混匀，放入聚乙烯瓶或袋中。

（2）试样储存。试样于 -18 ℃条件下保存。

4. 分析步骤

（1）提取和净化。

① 蔬菜、水果和食用菌。称取 20 g 试样（精确至 0.01 g）于 150 mL 烧杯中，加入 40 mL 乙腈，用高速匀浆机 15 000 r/min 匀浆提取 2 min，提取液过滤至装有 5～7 g 氯化钠的 100 mL 具塞量筒中，盖上塞子，剧烈振荡 1 min，在室温下静置 30 min。准确吸取 10 mL 上清液，80 ℃水浴中氮吹蒸发近干，加入 2 mL 甲醇溶解残余物，待净化。

将固相萃取柱 1 用 4 mL 甲醇-二氯甲烷溶液预淋洗，当液面到达柱筛板顶部时，立即加入上述待净化溶液，用 10 mL 离心管收集洗脱液，用 2 mL

甲醇-二氯甲烷溶液涮洗烧杯后过柱，并重复一次，收集的洗脱液于 50 ℃水浴中氮吹蒸发近干，准确加入 2.50 mL 甲醇，涡旋混匀，用微孔滤膜过滤，待测。

② 谷物。称取 10 g 试样（精确至 0.01 g）于 250 mL 具塞锥形瓶中，加入 20 mL 水，混匀后，静置 30 min，再加入 50 mL 乙腈，用振荡器 200 r/min 振荡提取 30 min，提取液过滤至装有 5～7 g 氯化钠的 100 mL 具塞量筒中，盖上塞子，剧烈振荡 1 min，在室温下静置 30 min。准确吸取 10 mL 上清液，80 ℃水浴中氮吹蒸发近干，加入 2 mL 甲醇溶解残余物，待净化。

将固相萃取柱 1 用 4 mL 甲醇-二氯甲烷溶液预淋洗，当液面到达柱筛板顶部时，立即加入上述待净化溶液，用 10 mL 离心管收集洗脱液，用 2 mL 甲醇-二氯甲烷溶液涮洗烧杯后过柱，并重复一次，收集的洗脱液于 50 ℃水浴中氮吹蒸发近干，准确加入 2.50 mL 甲醇，涡旋混匀，用微孔滤膜过滤，待测。

③ 茶叶和香辛料。称取 5 g 试样（精确至 0.01 g）于 150 mL 烧杯中，加入 20 mL 水，混匀后，静置 30 min，再加入 50 mL 乙腈，用高速匀浆机 15 000 r/min 匀浆提取 2 min，提取液过滤至装有 5～7 g 氯化钠的 100 mL 具塞量筒中，盖上塞子，剧烈振荡 1 min，在室温下静置 30 min。准确吸取 10 mL 上清液，80 ℃水浴中氮吹蒸发近干，加入 2 mL 乙腈-甲苯溶液溶解残余物，待净化。

将固相萃取柱 2 用 5 mL 乙腈-甲苯溶液预淋洗，当液面到达柱筛板顶部时，立即加入上述待净化溶液，用 100 mL 旋转蒸发瓶收集洗脱液，用 2 mL 乙腈-甲苯溶液涮洗烧杯后过柱，并重复一次，再用 25 mL 乙腈-甲苯溶液洗脱柱子，收集的洗脱液于 40 ℃水浴中旋转蒸发近干，用 5 mL 甲醇冲洗旋转蒸发瓶并转移到 10 mL 离心管中，50 ℃水浴中氮吹蒸发近干，准确加入 1.00 mL 甲醇，涡旋混匀，用微孔滤膜过滤，待测。

④ 油料和坚果。称取 10 g 试样（精确至 0.01 g）于 150 mL 烧杯中，加入 20 mL 水，混匀后，静置 30 min，再加入 50 mL 乙腈，用高速匀浆机 15 000 r/min 匀浆提取 2 min，提取液过滤至装有 5～7 g 氯化钠的 100 mL 具塞量筒中，盖上塞子，剧烈振荡 1 min，在室温下静置 30 min。

准确吸取 8 mL 上清液于内含 1 200 mg 无水硫酸镁、400 mg PSA 和 400 mg C_{18} 的 15 mL 塑料离心管中，涡旋混匀 1 min，然后 4 200 r/min 离心 5 min，吸取 5 mL 上清液于 10 mL 离心管中，在 50 ℃水浴中氮吹蒸发近干，准确加入 2.00 mL 甲醇，涡旋混匀，用微孔滤膜过滤，待测。

⑤ 植物油。称取 3 g 试样（精确至 0.01 g）于 50 mL 塑料离心管中，加入

5 mL 水、15 mL 乙腈，并加入 6 g 无水硫酸镁、1.5 g 醋酸钠及 1 颗陶瓷均质子，剧烈振荡 1 min，4 200 r/min 离心 5 min。

准确吸取 8 mL 上清液于内含 1 200 mg 无水硫酸镁、400 mg PSA 和 400 mg C_{18} 的 15 mL 塑料离心管中，涡旋混匀 1 min，然后 4 200 r/min 离心 5 min，吸取 5 mL 上清液于 10 mL 离心管中，在 50 ℃ 水浴中氮吹蒸发近干，准确加入 1.00 mL 甲醇，涡旋混匀，用微孔滤膜过滤，待测。

（2）测定。

① 仪器参考条件。

a）色谱柱：C_8 柱，250 mm×4.6 mm（内径），5 μm（粒径）。

b）柱温：42 ℃。

c）荧光检测器：λ_{ex}＝330 nm，λ_{em}＝465 nm。

d）流动相及梯度洗脱条件，见表 2-2。

表 2-2　流动相及梯度洗脱条件（V_A＋V_B）

时间（min）	流速（mL/min）	流动相（水）V_A（%）	流动相（甲醇）V_B（%）
0.00	1.0	85	15
2.00	1.0	75	25
6.50	1.0	75	25
10.50	1.0	60	40
28.00	1.0	60	40
33.00	1.0	20	80
35.00	1.0	20	80
35.10	1.0	0	100
37.00	1.0	0	100
37.10	1.0	85	15

e）柱后衍生：0.05 mol/L 氢氧化钠溶液，流速 0.3 mL/min；OPA 试剂，流速 0.3 mL/min；水解温度，100 ℃；衍生温度，室温。

f）进样体积：10 μL。

② 标准工作曲线。精确吸取一定量的混合标准溶液，逐级用甲醇稀释成质量浓度为 0.01 mg/L、0.05 mg/L、0.1 mg/L、0.5 mg/L 和 1.0 mg/L 的标准工作溶液，供液相色谱测定。以农药质量浓度为横坐标、色谱峰的峰面积为纵坐标，绘制标准曲线。

③ 定性及定量。以目标农药的保留时间定性。被测试样中目标农药色谱峰的保留时间与相应标准色谱峰的保留时间相比较，相差应在 ± 0.05 min 之内，阳性试样需更换 C_{18} 柱进行定性确认。外标法定量。

（3）试样溶液的测定。将混合标准工作溶液和试样溶液依次注入液相色谱仪中，保留时间定性，测得目标农药色谱峰面积，根据公式（2-2），得到各农药组分含量。待测样液中农药的响应值应在仪器检测的定量测定线性范围之内，超过线性范围时，应根据测定浓度进行适当倍数稀释后再进行分析。

（4）平行试验。按上述规定对同一试样进行平行试验测定。

（5）空白试验。除不加试料外，按上述规定进行平行操作。

5. 结果计算　试样中各农药残留量以质量分数 ω 计，单位以毫克每千克（mg/kg）表示，按公式（2-2）计算。

$$\omega = \frac{V_1 \times A \times V_3}{V_2 \times A_S \times m} \times \rho \qquad (2-2)$$

式中：

ω ——样品中被测组分的含量，单位为毫克每千克（mg/kg）；

ρ ——标准溶液中被测组分的质量浓度，单位为毫克每升（mg/L）；

V_1 ——提取溶剂的总体积，单位为毫升（mL）；

V_2 ——提取液的分取体积，单位为毫升（mL）；

V_3 ——待测溶液的定容体积，单位为毫升（mL）；

A ——待测溶液中被测组分的峰面积；

A_S ——标准溶液中被测组分的峰面积；

m ——试样的质量，单位为克（g）。

计算结果应扣除空白值，计算结果以重复性条件下获得的 2 次独立测定结果的算术平均值表示，保留 2 位有效数字。当含量超过 1 mg/kg 时，保留 3 位有效数字。

6. 精密度　在重复性条件下，获得的 2 次独立测试结果的绝对差值不得超过重复性限（r），参见 GB 23200.112—2018 附录 B。在再现性条件下，获得的 2 次独立测试结果的绝对差值不得超过再现性限（R），参见 GB 23200.112—2018 附录 B。

7. 其他　本方法的定量限为 0.01 mg/kg。

8. 色谱图　0.1 mg/L 9 种氨基甲酸酯类农药及其代谢物标准溶液色谱图见图 2-4。

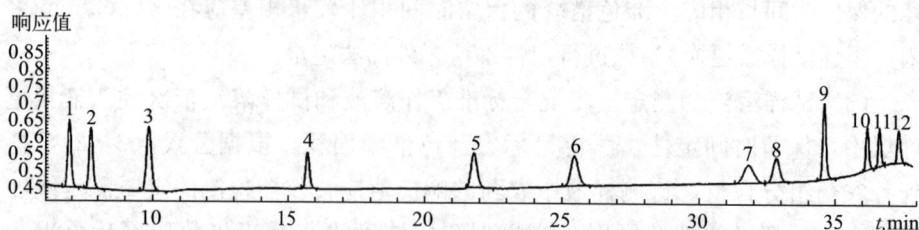

图 2-4　0.1 mg/L 9 种氨基甲酸酯类农药及其代谢物标准溶液色谱图

1. 涕灭威亚砜　2. 涕灭威砜　3. 灭多威　4. 三羟基克百威　5. 涕灭威　6. 速灭威
7. 残杀威　8. 克百威　9. 甲萘威　10. 异丙威　11. 混杀威　12. 仲丁威

三、植物源性食品中 90 种有机磷类农药及其代谢物残留量的测定　气相色谱法

本方法摘自 GB 23200.116—2019。

（一）方法一　气相色谱双柱法

1. 原理　试样用乙腈提取，提取液经固相萃取或分散固相萃取净化，使用带火焰光度检测器的气相色谱仪检测，根据双柱色谱峰的保留时间定性，外标法定量。

2. 试剂与材料　除非另有说明，在分析中仅使用分析纯的试剂，水为 GB/T 6682 规定的一级水。

（1）试剂。

① 乙腈（CH_3CN，CAS 号：75-05-8）。

② 丙酮（C_3H_6O，CAS 号：67-64-1）：色谱纯。

③ 甲苯（C_7H_8，CAS 号：108-88-3）：色谱纯。

④ 无水硫酸镁（$MgSO_4$，CAS 号：7487-88-9）。

⑤ 氯化钠（NaCl，CAS 号：7647-14-5）。

⑥ 乙酸钠（CH_3COONa，CAS 号：127-09-3）。

（2）溶液配制。乙腈-甲苯溶液（3+1，体积比）：量取 100 mL 甲苯加入 300 mL 乙腈中，混匀。

（3）标准品及标准溶液配制。

① 90 种有机磷类农药及其代谢物标准品：参见 GB 23200.116—2019 附录 A，纯度≥96%。

② 标准储备溶液（1 000 mg/L）：准确称取 10 mg（精确至 0.1 mg）有机磷类农药及其代谢物各标准品，用丙酮溶解并分别定容到 10 mL。标准储备溶液避光且低于－18 ℃保存，有效期 1 年。

③ 混合标准溶液（Ⅰ、Ⅱ、Ⅲ、Ⅳ、Ⅴ和Ⅵ）：将 90 种有机磷类农药及其代谢物分成 6 个组，分别准确吸取一定量的单个农药储备溶液于 50 mL 容量瓶中，用丙酮定容至刻度。混合标准溶液，避光 0～4 ℃保存，有效期 1 个月。

（4）材料。

① 固相萃取柱：石墨化炭黑填料（GCB）500 mg/氨基填料（NH$_2$）500 mg，6 mL。

② 乙二胺-N-丙基硅烷硅胶（PSA）：40～60 μm。

③ 十八烷基甲硅烷改性硅胶（C$_{18}$）：40～60 μm。

④ 陶瓷均质子：2 cm（长）×1 cm（外径）。

⑤ 微孔滤膜（有机相）：0.22 μm×25 mm。

（5）仪器和设备。

① 气相色谱仪：配有双火焰光度检测器（FPD磷滤光片）。

② 分析天平：感量分别为 0.1 mg 和 0.01 g。

③ 高速匀浆机：转速不低于 15 000 r/min。

④ 离心机：转速不低于 4 200 r/min。

⑤ 组织捣碎机。

⑥ 旋转蒸发仪。

⑦ 氮吹仪：可控温。

⑧ 涡旋振荡器。

3. 试样制备与储存

（1）试样制备。蔬菜和水果的取样量按照相关标准的规定执行，食用菌样品随机取样 1 kg。样品取样部位按 GB 2763 的规定执行。对于个体较小的样品，取样后全部处理；对于个体较大的基本均匀样品，可在对称轴或对称面上分割或切成小块后处理；对于细长、扁平或组分含量在各部分有差异的样品，可在不同部位切取小片或截成小段后处理；取后的样品将其切碎，充分混匀，用四分法取样或直接放入组织捣碎机中捣碎成匀浆，放入聚乙烯瓶中。

取谷类样品 500 g，粉碎后使其全部可通过 425 μm 的标准网筛，放入聚乙烯瓶或袋中。取油料作物、茶叶、坚果和调味料各 500 g，粉碎后充分混匀，放入聚乙烯瓶或袋中。

（2）试样储存。将试样按照测试和备用分别存放。于 $-20\sim-16\ ℃$ 条件下保存。

4. 分析步骤

（1）提取和净化。

① 蔬菜、水果和食用菌。称取 20 g（精确至 0.01 g）试样于 150 mL 烧杯中，加入 40 mL 乙腈，用高速匀浆机 15 000 r/min 匀浆 2 min，提取液过滤至装有 5～7 g 氯化钠的 100 mL 具塞量筒中，盖上塞子，剧烈振荡 1 min，在室温下静置 30 min。

准确吸取 10 mL 上清液于 100 mL 烧杯中，80 ℃ 水浴中氮吹蒸发近干，加入 2 mL 丙酮溶解残余物，盖上铝箔，备用。

将上述备用液完全转移至 15 mL 刻度离心管中，再用约 3 mL 丙酮分 3 次冲洗烧杯，并转移至离心管，最后定容至 5.0 mL，涡旋 0.5 min，用微孔滤膜过滤，待测。

② 油料作物和坚果。称取 10 g（精确至 0.01 g）试样于 150 mL 烧杯中，加入 20 mL 水，混匀后，静置 30 min，再加入 50 mL 乙腈，用高速匀浆机 15 000 r/min 匀浆 2 min，提取液过滤至装有 5～7 g 氯化钠的 100 mL 具塞量筒中，盖上塞子，剧烈振荡 1 min，在室温下静置 30 min。

准确吸取 8 mL 上清液于 15 mL 刻度离心管中，加入 900 mg 无水硫酸镁、150 mg PSA、150 mg C_{18}，涡旋 0.5 min，4 200 r/min 离心 5 min，准确吸取 5 mL 上清液加入 10 mL 刻度离心管中，80 ℃ 水浴中氮吹蒸发近干，准确加入 1.00 mL 丙酮，涡旋 0.5 min，用微孔滤膜过滤，待测。

③ 谷物。称取 10 g（精确至 0.01 g）试样于 150 mL 具塞锥形瓶中，加入 20 mL 水浸润 30 min，加入 50 mL 乙腈，在振荡器上以转速为 200 r/min 振荡 30 min，提取液过滤至装有 5～7 g 氯化钠的 100 mL 具塞量筒中，盖上塞子，剧烈振荡 1 min，在室温下静置 30 min。

准确吸取 10 mL 上清液于 100 mL 烧杯中，80 ℃ 水浴中氮吹蒸发近干，加入 2 mL 丙酮溶解残余物，盖上铝箔，备用。

将上述溶液完全转移至 10.0 mL 刻度试管中，再用 5 mL 丙酮分 3 次冲洗烧杯，收集淋洗液于刻度试管中，50 ℃ 水浴氮吹蒸发近干，准确加入 2.00 mL 丙酮，涡旋 0.5 min，用微孔滤膜过滤，待测。

④ 茶叶和调味料。称取 5 g（精确至 0.01 g）试样于 150 mL 烧杯中，加入 20 ml 水浸润 30 min，加入 50 mL 乙腈，用高速匀浆机 15 000 r/min 高速匀

浆 2 min，提取液过滤至装有 5～7 g 氯化钠的 100 mL 具塞量筒中，盖上塞子，剧烈振荡 1 min，在室温下静置 30 min。

准确吸取 10 mL 上清液于 100 mL 烧杯中，80 ℃水浴中氮吹蒸发近干，加入 2 mL 乙腈-甲苯溶液（3+1，体积比）溶解残余物，待净化。

将固相萃取柱用 5 mL 乙腈-甲苯溶液预淋洗。当液面到达柱筛板顶部时，立即加入上述待净化溶液，用 100 mL 茄型瓶收集洗脱液，用 2 mL 乙腈-甲苯溶液涮洗烧杯后过柱，并重复一次。再用 15 mL 乙腈-甲苯溶液洗脱柱子，收集的洗脱液于 40 ℃水浴中旋转蒸发近干，用 5 mL 丙酮冲洗茄型瓶并转移到 10 mL 离心管中，50 ℃水浴中氮吹蒸发近干，准确加入 1.00 mL 丙酮，涡旋混匀，用微孔滤膜过滤，待测。

（2）测定。

① 仪器参考条件。

a）色谱柱：

A 柱：50%聚苯基甲基硅氧烷石英毛细管柱，30 m×0.53 mm（内径）×1.0 μm，或相当者；

B 柱：100%聚苯基甲基硅氧烷石英毛细管柱，30 m×0.53 mm（内径）×1.5 μm，或相当者。

b）色谱柱温度：150 ℃保持 2 min，然后以 8 ℃/min 程序升温至 210 ℃，再以 5 ℃/min 升温至 250 ℃，保持 15 min。

c）载气：氮气，纯度≥99.999%，流速为 8.4 mL/min。

d）进样口温度：250 ℃。

e）检测器温度：300 ℃。

f）进样量：1 μL。

g）进样方式：不分流进样。

h）燃气：氢气，纯度≥99.999%，流速为 80 mL/min；助燃气：空气，流速为 110 mL/min。

② 标准曲线。将混合标准中间溶液用丙酮稀释成质量浓度为 0.005 mg/L、0.01 mg/L、0.05 mg/L、0.1 mg/L 和 1 mg/L 的系列标准溶液，参考色谱条件测定。以农药质量浓度为横坐标、色谱的峰面积积分值为纵坐标，绘制标准曲线。

③ 定性及定量。以目标农药的保留时间定性。被测试样中目标农药双柱上色谱峰的保留时间与相应标准色谱峰的保留时间相比较，相差应在±0.05 min 之内。以外标法定量测定。

（3）试样溶液的测定。将混合标准工作溶液和试样溶液依次注入气相色谱仪中，保留时间定性，测得目标农药色谱峰面积，根据公式（2-3），得到各农药组分含量。待测样液中农药的响应值应在仪器检测的定量测定线性范围之内，超过线性范围时，应根据测定浓度进行适当倍数稀释后再进行分析。

（4）平行试验。按上述的规定对同一试样进行平行试验测定。

（5）空白试验。除不加试料外，按上述规定进行平行操作。

5. 结果计算　试样中被测农药残留量以质量分数 ω 计，单位以毫克每千克（mg/kg）表示，按公式（2-3）计算。

$$\omega = \frac{V_1 \times A \times V_3}{V_2 \times A_S \times m} \times \rho \qquad (2-3)$$

式中：

ω——样品中被测组分的含量，单位为毫克每千克（mg/kg）；

V_1——提取溶剂的总体积，单位为毫升（mL）；

V_2——提取液的分取体积，单位为毫升（mL）；

V_3——待测溶液的定容体积，单位为毫升（mL）；

A——待测溶液中被测组分的峰面积；

A_S——标准溶液中被测组分的峰面积；

m——试样的质量，单位为克（g）；

ρ——标准溶液中被测组分的质量浓度，单位为毫克每升（mg/L）。

计算结果应扣除空白值，计算结果以重复性条件下获得的 2 次独立测定结果的算术平均值表示，保留 2 位有效数字。当结果超过 1 mg/kg 时，保留 3 位有效数字。

6. 精密度　在重复性条件下，获得的 2 次独立测试结果的绝对差值不得超过重复性限（r），参见 GB 23200.116—2019 附录 B。在再现性条件下，获得的 2 次独立测试结果的绝对差值不得超过再现性限（R），参见 GB 23200.116—2019 附录 B。

7. 其他　本方法各农药组分定量限除下面列出组分外均为 0.01 mg/kg。

硫线磷：0.005 mg/kg；益棉磷、苯线磷、苯线磷砜、苯线磷亚砜、乙拌磷亚砜：0.02 mg/kg。

8. 色谱图　色谱图见图 2-5 至图 2-10，质量浓度均为 0.1 mg/L 标准溶液。

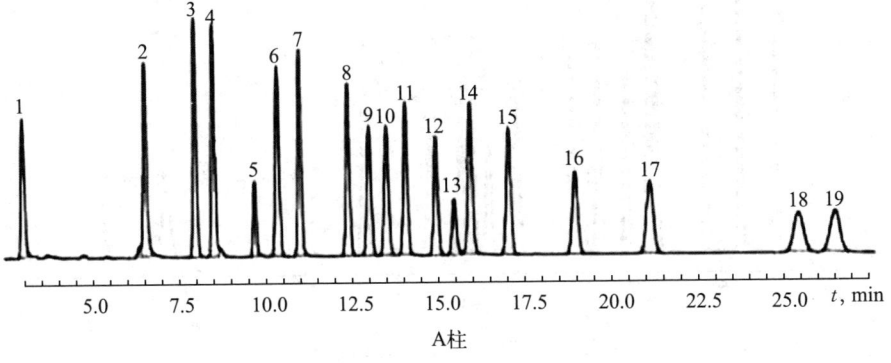

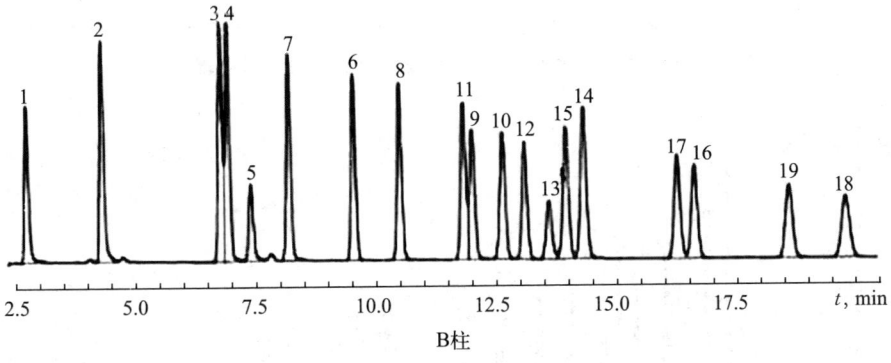

图 2-5 第Ⅰ组农药标准溶液

1. 敌敌畏　2. 乙酰甲胺磷　3. 虫线磷　4. 甲基异内吸磷　5. 百治磷　6. 乙拌磷　7. 乐果
8. 甲基对硫磷　9. 毒死蜱　10. 嘧啶磷　11. 倍硫磷　12. 灭蚜磷　13. 丙虫磷　14. 抑草磷
15. 灭菌磷　16. 硫丙磷　17. 三唑磷　18. 莎稗磷　19. 亚胺硫磷

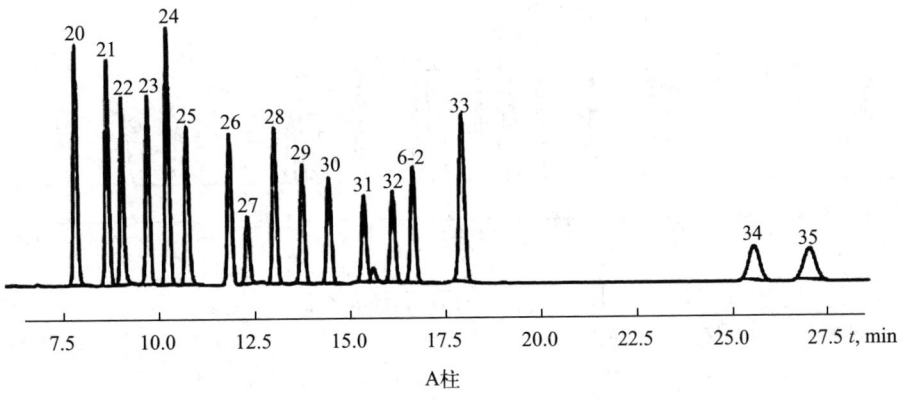

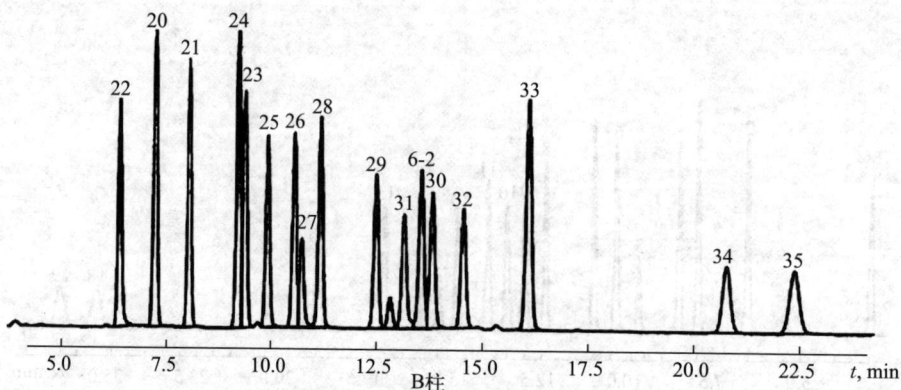

图 2-6　第Ⅱ组农药标准溶液

20. 灭线磷　21. 甲拌磷　22. 氧乐果　23. 二嗪磷　24. 地虫硫磷　25. 异稻瘟净　26. 甲基毒死蜱

27. 对氧磷　28. 杀螟硫磷　29. 溴硫磷　30. 乙基溴硫磷　31. 巴毒磷　32. 丙溴磷

6-2. 乙拌磷砜　33. 乙硫磷　34. 溴苯磷　35. 吡菌磷

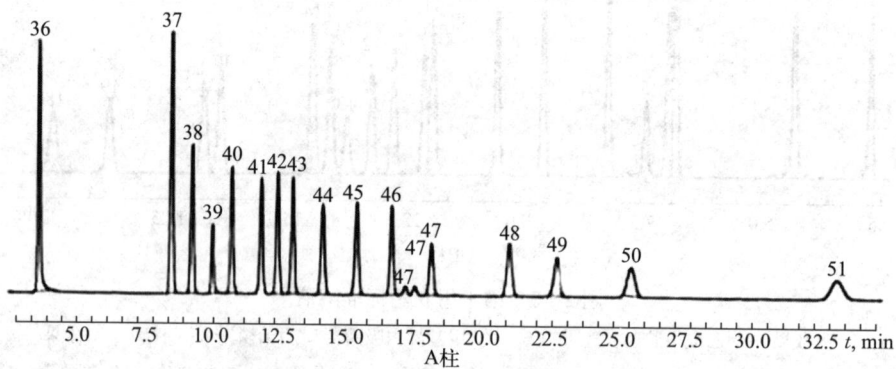

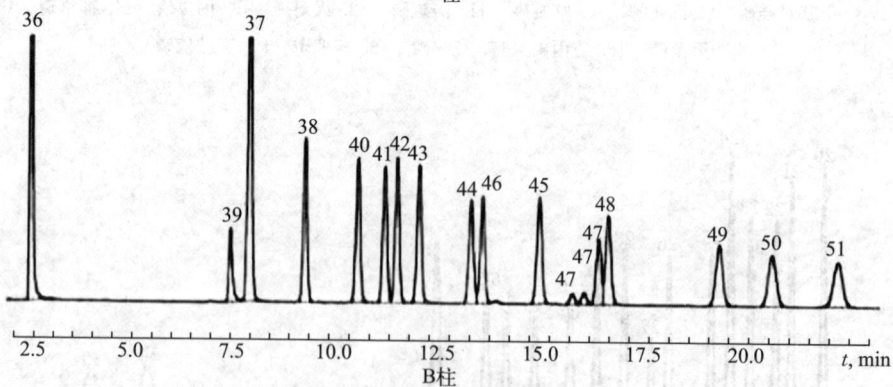

图 2-7　第Ⅲ组农药标准溶液

36. 甲胺磷　37. 治螟磷　38. 特丁硫磷　39. 久效磷　40. 除线磷　41. 皮蝇磷　42. 甲基嘧啶硫磷

43. 对硫磷　44. 异柳磷　45. 脱叶磷　46. 杀扑磷　47. 虫螨磷　48. 伐灭磷

49. 哌草磷　50. 伏杀硫磷　51. 益棉磷

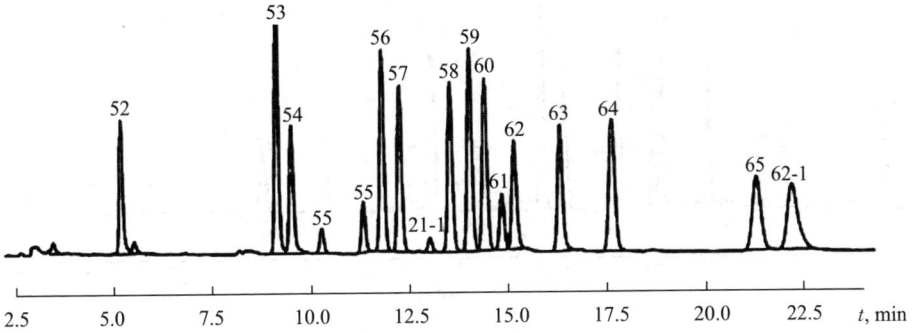

A柱

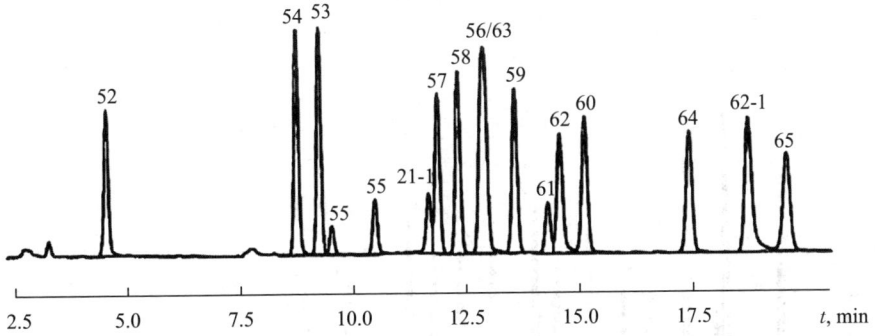

B柱

图 2-8　第Ⅳ组农药标准溶液

52. 速灭磷　53. 胺丙畏　54. 八甲磷　55. 磷胺　56. 地毒磷　57. 马拉硫磷　58. 水胺硫磷

21-1. 甲拌磷亚砜　59. 喹硫磷　60. 丙硫磷　61. 杀虫畏　62. 苯线磷　63. 甲基硫环磷

64. 三硫磷　65. 苯硫磷　62-1. 苯线磷亚砜

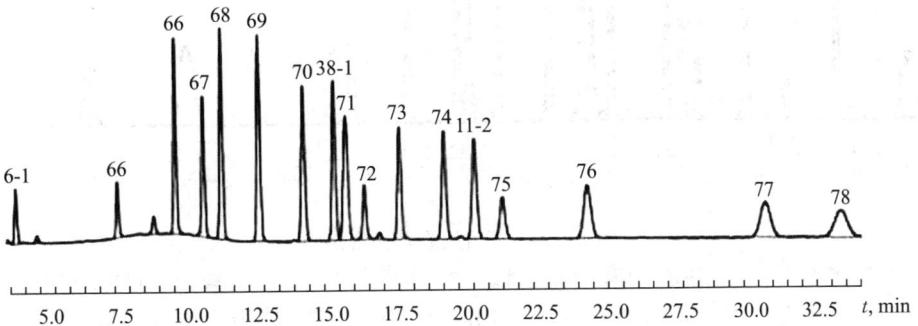

A柱

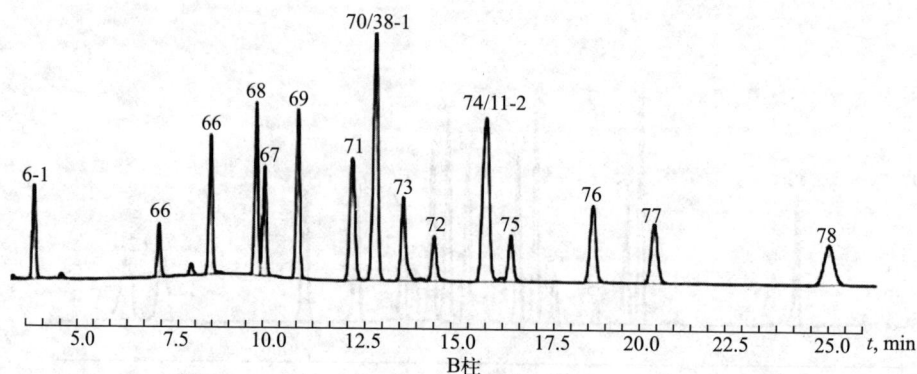

图 2-9　第Ⅴ组农药标准溶液

6-1. 乙拌磷亚砜　66. 内吸磷　67. 乙嘧硫磷　68. 氯唑磷　69. 甲基立枯磷

70. 甲基异柳磷　38-1. 特丁硫磷砜　71. 噻唑磷　72. 溴苯烯磷　73. 蚜灭磷　74. 丰索磷

11-2. 倍硫磷砜　75. 甲基吡啶磷　76. 哒嗪硫磷　77. 保棉磷　78. 蝇毒磷

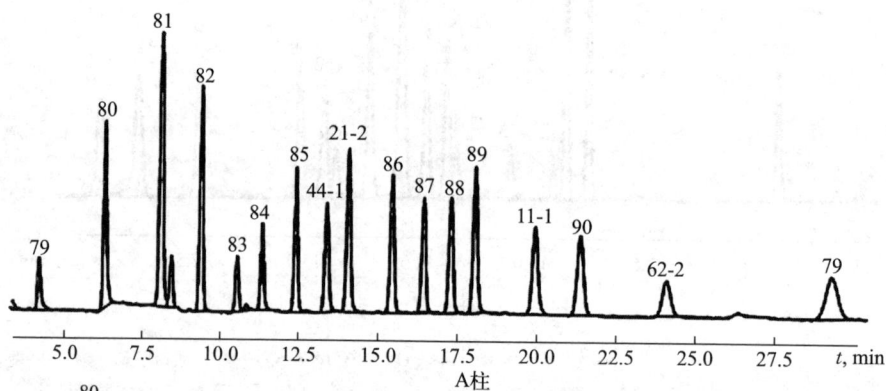

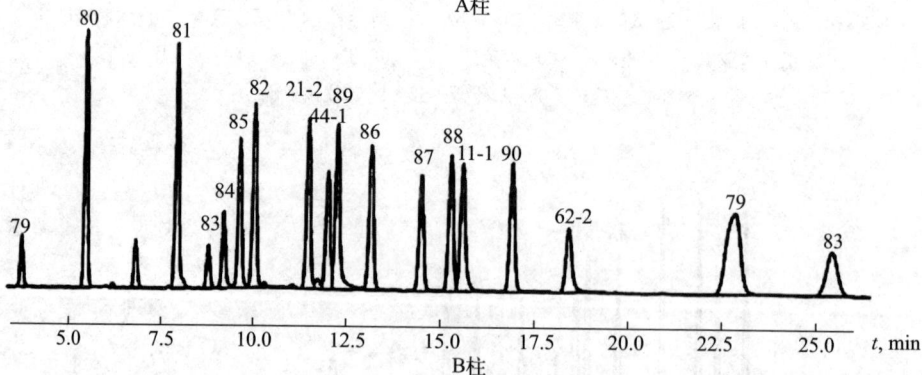

图 2-10　第Ⅵ组农药标准溶液

79. 吡唑硫磷　80. 甲基内吸磷　81. 硫线磷　82. 丁基嘧啶磷　83. 敌恶磷　84. 甲基对氧磷

85. 安硫磷　44-1. 氧异柳磷　21-2. 甲拌磷砜　86. 稻丰散　87. 碘硫磷　88. 噁唑磷

89. 硫环磷　11-1. 倍硫磷亚砜　90. 敌瘟磷　62-2. 苯线磷砜

(二) 方法二　气相色谱单柱法

1. 原理　试样用乙腈提取，提取液经固相萃取或分散固相萃取净化，使用带火焰光度检测器的气相色谱仪检测，根据色谱峰的保留时间定性，外标法定量。

2. 试剂和材料　同方法一。

3. 仪器设备　气相色谱仪：配有火焰光度检测器（FPD磷滤光片），毛细管进样口。除气相色谱仪外，其余同方法一。

4. 试样制备与储存　同方法一。

5. 测定步骤

（1）提取和净化。同方法一。

（2）测定。

① 仪器参考条件。色谱柱：50％聚苯基甲基硅氧烷石英毛细管柱，30 m×0.53 mm（内径）×1.0 μm，或相当者。

② 标准曲线。同方法一。

③ 定性及定量。以目标农药的保留时间定性。被测试样中目标农药色谱峰的保留时间与相应标准色谱峰的保留时间相比较，相差在±0.05 min之内，需更换不同极性色谱柱再次确认或质谱定性。定量测定同方法一。

④ 平行试验。同方法一。

⑤ 空白试验。同方法一。

6. 结果计算　同方法一。

7. 精密度　同方法一。

8. 色谱图　色谱图见方法一中A柱色谱图。

四、蔬菜中灭蝇胺残留量的测定　高效液相色谱法

本方法摘自NY/T 1725—2009。

1. 原理　试样中的灭蝇胺经乙酸铵-乙腈混合溶液提取、强阳离子交换萃取柱净化后，用高效液相色谱仪进行分离，在215 nm处六元环上的π电子被激发，用紫外检测器检测。根据标准物质色谱峰的保留时间定性，外标法定量。

2. 试剂和材料　除非另有说明，在分析中仅使用分析纯试剂和GB/T 6682中规定的至少二级的水。

（1）乙腈（CH_3CN）：色谱纯。

（2）甲醇（CH_3OH）：色谱纯。

（3）乙酸铵溶液〔$c(CH_3COONH_4)=0.05$ mol/L〕：称取 7.70 g 乙酸铵（CH_3COONH_4），用水溶解后转移至 2 L 容量瓶中，用水定容至刻度。

（4）乙酸铵-乙腈溶液（1＋4）：量取 200 mL 乙酸铵溶液至 1 L 容量瓶中，用乙腈定容至刻度。

（5）盐酸溶液〔$c(HCl)=0.1$ mol/L〕：吸取 8.5 mL 盐酸（HCl）至 1 L 容量瓶中，用水定容至刻度。

（6）氨水-甲醇溶液（5＋95）：吸取 5 mL 氨水（$NH_3·H_2O$）至 100 mL 容量瓶中，用甲醇定容至刻度。

（7）乙腈-水溶液（97＋3）：吸取 3 mL 水至 100 mL 容量瓶中，用乙腈定容至刻度。

（8）灭蝇胺标准品：纯度≥95％。

（9）灭蝇胺标准储备液：称取 0.01 g（精确至 0.000 1 g）灭蝇胺标准品，用乙腈溶解并转移至 10 mL 容量瓶中，再用乙腈定容至刻度，得到质量浓度约为 1 000 mg/L 的灭蝇胺标准储备液。储于 $-20～-16$ ℃ 冰柜中备用。

（10）灭蝇胺标准工作溶液：用乙腈稀释灭蝇胺标准储备液，得到质量浓度为 1.0 mg/L 和 0.2 mg/L 的灭蝇胺标准工作溶液。

（11）强阳离子交换萃取柱（SCX）：以硅胶为基质，键合有苯磺酸官能团，规格为 500 mg/6 mL。

3. 仪器

（1）高效液相色谱仪：配有紫外检测器。

（2）分析天平：感量分别为 0.1 mg 和 0.01 g。

（3）食品加工器。

（4）均质器：6 000～36 000 r/min。

（5）具塞比色管：100 mL。

（6）旋转蒸发仪。

（7）氮吹装置。

4. 试样制备　取蔬菜样品可食部分，用干净纱布轻轻擦去样本表面的附着物，采用对角线分割法，取对角部分，将其切碎，充分混匀，用四分法取样或直接放入食品加工器中加工成匀浆。匀浆试样放入聚乙烯瓶中，于 $-20～-16$ ℃ 条件下保存。称取试样时，常温试样应搅拌均匀；冷冻试样应先解冻再混匀。

5. 分析步骤

（1）提取与浓缩。称取试样 20 g（精确至 0.01 g）于 150 mL 烧杯中，加入 50 mL 乙酸铵-乙腈溶液，高速均质 2 min。均质液经铺有滤纸的布氏漏斗抽滤至 100 mL 具塞比色管中，再用约 30 mL 乙酸铵-乙腈溶液冲洗烧杯和均质器刀头，均质 30 s 左右，洗液一并滤入上述 100 mL 具塞比色管中，并用乙酸铵-乙腈溶液定容。盖上塞子，将滤液混合均匀。

用移液管准确吸取 10 mL 提取液至 150 mL 圆底烧瓶中，在旋转蒸发仪上（水浴温度 40 ℃）浓缩至只含水的溶液（冷凝装置无液滴滴下），加入盐酸溶液约 2 mL，待净化。

（2）净化。依次用甲醇、水各 5 mL 预淋活化强阳离子交换萃取柱，当溶剂液面到达柱吸附层表面时，立即将（1）所得溶液转移至 SCX 柱中。用 3 mL 盐酸溶液将圆底烧瓶中的残余物洗入 SCX 柱中，并重复一次。然后依次用水、甲醇各 5 mL 淋洗 SCX 柱，弃去所有流出液并将小柱抽干。

用 15 mL 氨水-甲醇溶液分 3 次洗脱 SCX 柱，收集洗脱液于 150 mL 圆底烧瓶中。在旋转蒸发仪上（水浴温度 40 ℃）浓缩至近干，氮气吹干后，用 2.00 mL 乙腈-水溶液溶解蒸残物，过 0.45 μm 微孔有机滤膜，待测。

（3）色谱参考条件。

① 色谱柱：NH_2 不锈钢柱，250 mm×4.6 mm，5 μm；或性能相当的色谱柱。

② 流动相：乙腈-水溶液（97＋3）。

③ 流速：1.0 mL/min。

④ 进样体积：10 μL。

⑤ 检测波长：215 nm。

⑥ 柱温：35 ℃。

（4）测定。分别将标准溶液和待测液注入高效液相色谱仪中，以保留时间定性，以待测液峰面积与标准溶液峰面积比较定量。

（5）空白试验。除不加试样外，均按上述分析步骤进行操作。

6. 结果计算　试料中灭蝇胺含量用质量分数 ω 计，单位以毫克每千克（mg/kg）表示，按公式（2-4）计算。

$$\omega=\frac{\rho_s \times V_S \times A_X \times V_0 \times F}{V_X \times A_S \times m} \tag{2-4}$$

式中：

ρ_s——标准溶液的质量浓度，单位为毫克每升（mg/L）；

V_s——标准溶液的进样体积，单位为微升（μL）；

V_0——试样溶液最终的定容体积，单位为毫升（mL）；

V_x——待测液的进样体积，单位为微升（μL）；

A_s——标准溶液的峰面积；

A_x——待测液的峰面积；

m——试料的质量，单位为克（g）；

F——提取液的体积/分取体积；

计算结果保留 2 位有效数字。

7. 精密度　在重复性条件下获得的 2 次独立测试结果的绝对差值不大于这 2 个测定值的算术平均值的 15%。在再现性条件下获得的 2 次独立测试结果的绝对差值不大于这 2 个测定值的算术平均值的 30%。

8. 色谱图　0.4 mg/L 灭蝇胺标准溶液色谱图见图 2-11。

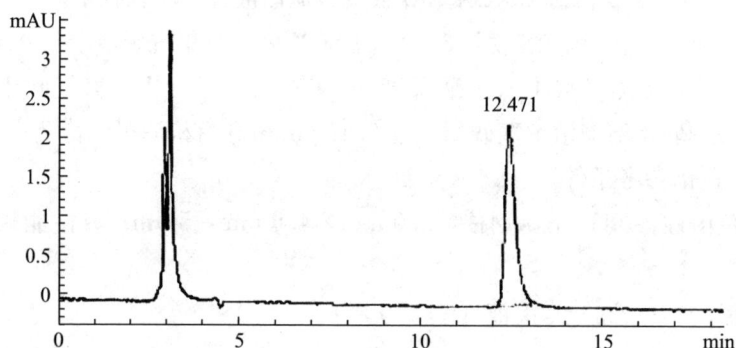

图 2-11　0.4 mg/L 灭蝇胺标准溶液色谱图

第三节　色谱-质谱联用法

一、植物源性食品中 208 种农药及其代谢物残留量的测定　气相色谱-质谱联用法

本方法摘自 GB 23200.113—2018。

1. 原理　试样用乙腈提取，提取液经固相萃取或分散固相萃取净化，植物油试样经凝胶渗透色谱净化，气相色谱-质谱联用仪检测，内标法或外标法定量。

2. 试剂和材料　除非另有说明，在分析中仅使用分析纯的试剂，水为 GB/T 6682 规定的一级水。

（1）试剂。

① 乙腈（CH_3CN，CAS 号：75-05-8）。

② 乙酸乙酯（$CH_3COOC_2H_5$，CAS 号：141 - 78 - 6）：色谱纯。

③ 甲苯（C_7H_8，CAS 号：108 - 88 - 3）：色谱纯。

④ 环己烷（C_6H_{12}，CAS 号：110 - 82 - 7）：色谱纯。

⑤ 氯化钠（NaCl，CAS 号：7647 - 14 - 5）。

⑥ 醋酸钠（CH_3COONa，CAS 号：6131 - 90 - 4）。

⑦ 醋酸（CH_3COOH，CAS 号：55896 - 93 - 0）。

⑧ 硫酸镁（$MgSO_4$，CAS 号：7487 - 88 - 9）。

⑨ 柠檬酸钠（$Na_3C_6H_5O_7$，CAS 号：6132 - 04 - 3）。

⑩ 柠檬酸氢二钠（$C_6H_6Na_2O_7$，CAS 号：6132 - 05 - 4）。

（2）溶液配制。

① 乙腈-醋酸溶液（99＋1）：量取 10 mL 醋酸，加入 990 mL 乙腈中，混匀。

② 乙腈-甲苯溶液（3＋1）：量取 100 mL 甲苯，加入 300 mL 乙腈中，混匀。

③ GPC 流动相：采用环己烷-乙酸乙酯溶液（1＋1），量取 500 mL 环己烷，加入 500 mL 乙酸乙酯中，混匀。

（3）标准品。环氧七氯 B 内标和 208 种农药及其代谢物标准品，参见 GB 23200.113—2018 附录 A，纯度≥95％。

（4）标准溶液配制。

① 标准储备溶液（1 000 mg/L）：准确称取 10 mg（精确至 0.1 mg）各农药标准品，根据标准品的溶解性和测定的需要选丙酮或正己烷等溶剂溶解并定容至 10 mL，避光－18 ℃保存，有效期 1 年。

② 混合标准溶液（混合标准溶液 A 和 B）：按照农药的性质和保留时间，将 208 种农药及其代谢物分成 A、B 两个组。吸取一定量的农药标准储备溶液于 250 mL 容量瓶中，用乙酸乙酯定容至刻度。混合标准溶液避光 0～4 ℃保存，有效期 1 个月。

③ 内标溶液：准确称取 10 mg 环氧七氯 B（精确至 0.1 mg）用乙酸乙酯溶解后转移至 10 mL 容量瓶中，定容混匀为内标储备液。内标储备溶液用乙酸乙酯稀释至 5 mg/L 为内标溶液。

④ 基质混合标准工作溶液：空白基质溶液氮气吹干，加 20 μL 内标溶液，加入 1 mL 相应质量浓度的混合标准溶液复溶，过微孔滤膜。基质混合标准工作溶液应现用现配。

注：空白基质溶液取样量应与相应的试样处理取样量一致。

（5）材料。

① 固相萃取柱：石墨化炭黑-氨基复合柱，500 mg/500 mg，容积 6 mL。

② 乙二胺-N-丙基硅烷化硅胶（PSA）：40～60 μm。

③ 十八烷基硅烷键合硅胶（C$_{18}$）：40～60 μm。

④ 石墨化炭黑（GCB）：40～120 μm。

⑤ 陶瓷均质子：2 cm（长）×1 cm（外径）。

⑥ 微孔滤膜（有机相）：13 mm×0.22 μm。

3. 仪器

（1）气相色谱-三重四极杆质谱联用仪：配有电子轰击源（EI）。

（2）凝胶渗透色谱仪或装置：配有 25 mm（内径）×500 mm，内装 Bio-Beads SX-3 填料或相当的净化柱。

（3）分析天平：感量分别为 0.1 mg 和 0.01 g。

（4）高速匀浆机：转速不低于 15 000 r/min。

（5）离心机：转速不低于 4 200 r/min。

（6）组织捣碎机。

（7）旋转蒸发仪。

（8）氮吹仪：可控温。

（9）涡旋混合器。

4. 试样制备与储存

（1）试样制备。蔬菜和水果的取样量按照 GB/T 8855 的规定执行，食用菌样品随机取样 1 kg。样品取样部位按照 GB 2763 的规定执行。对于个体较小的样品，取样后全部处理；对于个体较大的基本均匀样品，可在对称轴或对称面上分割或切成小块后处理；对于细长、扁平或组分含量在各部分有差异的样品，可在不同部位切取小片或截成小段后处理；取后的样品将其切碎，充分混匀，用四分法取样或直接放入组织捣碎机中捣碎成匀浆，放入聚乙烯瓶中。

取谷类样品 500 g，粉碎后使其全部可通过 425 μm 的标准网筛，放入聚乙烯瓶或袋中。取油料、茶叶、坚果和香辛料各 500 g，粉碎后充分混匀，放入聚乙烯瓶或袋中。

植物油类搅拌均匀，放入聚乙烯瓶中。

（2）试样储存。将试样按照测试和备用分别存放。于−18 ℃条件下保存。

5. 分析步骤

（1）QuEChERS 前处理。

① 蔬菜、水果和食用菌。称取 10 g 试样（精确至 0.01 g）于 50 mL 塑料离心管中，加入 10 mL 乙腈、4 g 硫酸镁、1 g 氯化钠、1 g 柠檬酸钠、0.5 g 柠檬酸氢二钠及 1 颗陶瓷均质子，盖上离心管盖，剧烈振荡 1 min 后，4 200 r/min

离心 5 min。吸取 6 mL 上清液加到内含 900 mg 硫酸镁及 150 mg PSA 的 15 mL 塑料离心管中；对于颜色较深的试样，15 mL 塑料离心管中加入 885 mg 硫酸镁、150 mg PSA 及 15 mg GCB，涡旋混匀 1 min。4 200 r/min 离心 5 min，准确吸取 2 mL 上清液于 10 mL 试管中，40 ℃水浴中氮气吹至近干。加入 20 μL 的内标溶液，加入 1 mL 乙酸乙酯复溶，过微孔滤膜，用于测定。

② 谷物、油料和坚果。称取 5 g 试样（精确至 0.01 g）于 50 mL 塑料离心管中，加 10 mL 水涡旋混匀，静置 30 min。加入 15 mL 乙腈-醋酸溶液、6 g 无水硫酸镁、1.5 g 醋酸钠及 1 颗陶瓷均质子，盖上离心管盖，剧烈振荡 1 min 后 4 200 r/min 离心 5 min。吸取 8 mL 上清液加到内含 1 200 mg 硫酸镁、400 mg PSA 及 400 mg C$_{18}$ 的 15 mL 塑料离心管中，涡旋混匀 1 min。4 200 r/min 离心 5 min，准确吸取 2 mL 上清液于 10 mL 试管中，40 ℃水浴中氮气吹至近干。加入 20 μL 的内标溶液，加入 1 mL 乙酸乙酯复溶，过微孔滤膜，用于测定。

③ 茶叶和香辛料。称取 2 g 试样（精确至 0.01 g）于 50 mL 塑料离心管中，加 10 mL 水涡旋混匀，静置 30 min。加入 15 mL 乙腈-醋酸溶液、6 g 无水硫酸镁、1.5 g 醋酸钠及 1 颗陶瓷均质子，盖上离心管盖，剧烈振荡 1 min 后 4 200 r/min 离心 5 min。吸取 8 mL 上清液加到内含 1 200 mg 硫酸镁、400 mg PSA、400 mg C$_{18}$ 及 200 mg GCB 的 15 mL 塑料离心管中，涡旋混匀 1 min。4 200 r/min 离心 5 min，准确吸取 2 mL 上清液于 10 mL 试管中，40 ℃水浴中氮气吹至近干。加入 20 μL 的内标溶液，加入 1 mL 乙酸乙酯复溶，过微孔滤膜，用于测定。

注：上述处理中净化前的上清液吸取量可根据需要调整，净化材料（无水硫酸镁、PSA、C$_{18}$、GCB）用量按比例增减。

（2）固相萃取前处理。

① 提取。

a）蔬菜、水果和食用菌。称取 20 g 试样（精确至 0.01 g）于 100 mL 塑料离心管中，加 40 mL 乙腈，用高速匀浆机 15 000 r/min 匀浆 2 min，加入 5～7 g 氯化钠剧烈振荡数次，4 200 r/min 离心 5 min。准确吸取 10 mL 上清液于 100 mL 茄型瓶中。40 ℃水浴旋转蒸发至 1 mL 左右，氮气吹至近干，待净化。

b）谷物、油料、坚果、茶叶和香辛料。称取 5 g 试样（精确至 0.01 g）于 100 mL 塑料离心管中，加 10 mL 水涡旋混匀，静置 30 min。加入 20 mL 乙腈，用高速匀浆机 15 000 r/min 匀浆 2 min，加入 5～7 g 氯化钠剧烈振荡数次，4 200 r/min 离心 5 min。准确吸取 5 mL 上清液于 100 mL 茄型瓶中，40 ℃水浴旋转蒸发至 1 mL 左右，氮气吹至近干，待净化。

② 净化。用 5 mL 乙腈-甲苯溶液预洗固相萃取柱，弃去流出液。下接 150 mL 鸡心瓶，放入固定架上。将上述待净化试样用 3 mL 乙腈-甲苯溶液洗涤至固相萃取柱中，再用 2 mL 乙腈-甲苯溶液洗涤，并将洗涤液移入柱中，重复 2 次。在柱上加上 50 mL 储液器，用 25 mL 乙腈-甲苯溶液淋洗小柱，收集上述所有流出液于 150 mL 鸡心瓶中，40 ℃水浴中旋转浓缩至近干。加入 50 μL 内标溶液，加入 2.5 mL 乙酸乙酯复溶，过微孔滤膜，用于测定。

（3）GPC 前处理。称取 1 g 食用油试样（精确至 0.01 g）于 10 mL 样品瓶中，加入 GPC 流动相 7 mL 混匀，将试样溶液置于 GPC 仪上净化，上样体积为 5 mL，流速为 5 mL/min，收集 1 000～2 700 s 时间段的洗脱液。将流出液浓缩至 5 mL，准确吸取 4 mL 于 10 mL 玻璃离心管中，40 ℃水浴中氮气吹至近干。加入 20 μL 的内标溶液，加入 1 mL 乙酸乙酯复溶，过微孔滤膜，用于测定。

（4）测定。

① 仪器参考条件。

a）色谱柱：14％腈丙基苯基-86％二甲基聚硅氧烷石英毛细管柱；30 m×0.25 mm×0.25 μm，或相当者。

b）色谱柱温度：40 ℃保持 1 min，然后以 40 ℃/min 程序升温至 120 ℃，再以 5 ℃/min 升温至 240 ℃，再以 12 ℃/min 升温至 300 ℃，保持 6 min。

c）载气：氦气，纯度≥99.999％，流速 1.0 mL/min。

d）进样口温度：280 ℃。

e）进样量：1 μL。

f）进样方式：不分流进样。

g）电子轰击源：70 eV。

h）离子源温度：280 ℃。

i）传输线温度：280 ℃。

j）溶剂延迟：3 min。

k）多反应监测：每种农药分别选择一对定量离子、一对定性离子。每组所有需要检测离子对按照出峰顺序，分时段分别检测。每种农药的保留时间、定量离子对、定性离子对和碰撞电压，参见 GB 23200.113—2018 附录 B。

② 标准工作曲线。精确吸取一定量的混合标准溶液，逐级用乙酸乙酯稀释成质量浓度为 0.005 mg/L、0.01 mg/L、0.05 mg/L、0.1 mg/L 和 0.5 mg/L 的标准工作溶液。空白基质溶液氮气吹干，加入 20 μL 内标溶液，分别加 1 mL 上述标准工作溶液复溶，过微孔滤膜配制成系列基质混合标准工作溶液，供气

相色谱-质谱联用仪测定。以农药定量离子峰面积和内标物定量离子峰面积的比值为纵坐标、农药标准溶液质量浓度和内标物质量浓度的比值为横坐标，绘制标准曲线。

③ 定性及定量。

a）保留时间。被测试样中目标农药色谱峰的保留时间与相应标准色谱峰的保留时间相比较，相对误差应在±2.5%之内。

b）定量离子、定性离子及子离子丰度比。在相同实验条件下进行样品测定时，如果检出的色谱峰的保留时间与标准样品相一致，并且在扣除背景后的样品质谱图中，目标化合物的质谱定量和定性离子均出现，而且同一检测批次，对同一化合物，样品中目标化合物的定性离子和定量离子的相对丰度比与质量浓度相当的基质标准溶液相比，其允许偏差不超过表2-3规定的范围，则可判断样品中存在目标农药。

表 2-3　定性时相对离子丰度的最大允许偏差

相对离子丰度	>50%	>20%至50%	>10%至20%	≤10%
允许相对偏差	±20%	±25%	±30%	±50%

本方法的 A、B 两组标准物质多反应监测 GC‑MS/MS 图，参见 GB 23200.113—2018 附录 C。

c）定量。内标法或外标法定量。

（5）试样溶液的测定。将基质混合标准工作溶液和试样溶液依次注入气相色谱-质谱联用仪中，保留时间和定性离子定性，测得定量离子峰面积，待测样液中农药的响应值应在仪器检测的定量测定线性范围之内。超过线性范围时，应根据测定浓度进行适当倍数稀释后再进行分析。

（6）平行试验。按以上步骤对同一试样进行平行试验测定。

（7）空白试验。除不加试料外，采用完全相同的测定步骤进行平行操作。

6. 结果计算　试样中各农药残留量以质量分数 ω 计，数值以毫克每千克（mg/kg）表示，内标法按公式（2-5）计算，外标法按公式（2-6）计算。

$$\omega = \frac{\rho \times A \times \rho_i \times A_{si} \times V}{A_s \times \rho_{si} \times A_i \times m} \qquad (2-5)$$

$$\omega = \frac{\rho \times A \times V}{A_s \times m} \qquad (2-6)$$

式中：

ω ——试样中被测物的残留量，单位为毫克每千克（mg/kg）；

ρ ——基质标准工作溶液中被测物的质量浓度，单位为微克每毫升（$\mu g/mL$）；

A ——试样溶液中被测物的色谱峰面积；

A_s ——基质标准工作溶液中被测物的色谱峰面积；

ρ_i ——试样溶液中内标物的质量浓度，单位为微克每毫升（$\mu g/mL$）；

ρ_{si} ——基质标准工作溶液中内标物的质量浓度，单位为微克每毫升（$\mu g/mL$）；

A_{si} ——基质标准工作溶液中内标物的色谱峰面积；

A_i ——试样溶液中内标物的色谱峰面积；

V ——试样溶液最终的定容体积，单位为毫升（mL）；

m ——试样溶液所代表试样的质量，单位为克（g）。

计算结果应扣除空白值，计算结果以重复性条件下获得的2次独立测定结果的算术平均值表示，保留2位有效数字。当含量超1 mg/kg时，保留3位有效数字。

7. 精密度 在重复性条件下，获得的2次独立测试结果的绝对差值不得超过重复性限（r），参见 GB 23200.113—2018 附录 D。在再现性条件下，获得的2次独立测试结果的绝对差值不得超过再现性限（R），参见 GB 23200.113—2018 附录 D。

8. 其他 本方法的定量限为 0.01～0.05 mg/kg，参见 GB 23200.113—2018 附录 A。

二、植物源性食品中 331 种农药及其代谢物残留量的测定 液相色谱-质谱联用法

本方法摘自 GB 23200.121—2021。

1. 原理 试样用乙腈提取，提取液经分散固相萃取净化，液相色谱-质谱联用仪检测，外标法定量。

2. 试剂和材料 除非另有说明，在分析中仅使用分析纯的试剂，水为 GB/T 6682 规定的一级水。

（1）试剂。

① 乙腈（CH_3CN，CAS 号：75 - 05 - 8）。

② 乙腈（CH_3CN，CAS 号：75 - 05 - 8）：色谱纯。

③ 甲醇（CH_3OH，CAS 号：67 - 56 - 1）：色谱纯。

④ 氯化钠（NaCl，CAS 号：7647 - 14 - 5）。

⑤ 乙酸钠（CH_3COONa，CAS 号：127 - 09 - 3）。

⑥ 乙酸（CH_3COOH，CAS 号：64 - 19 - 7）。

⑦ 无水硫酸镁（$MgSO_4$，CAS 号：7487 - 88 - 9）。

⑧ 柠檬酸钠二水合物（$C_6H_5Na_3O_7 \cdot 2H_2O$，CAS 号：6132 - 04 - 3）。

⑨ 柠檬酸二钠盐倍半水合物（$C_6H_6Na_2O_7 \cdot 1.5H_2O$，CAS 号：6132 - 05 - 4）。

⑩ 甲酸（HCOOH，CAS 号：64 - 18 - 6）：色谱纯。

⑪ 甲酸铵（$HCOONH_4$，CAS 号：540 - 69 - 2）。

（2）溶液配制。

① 乙腈-乙酸溶液（99＋1）：量取 10 mL 乙酸，加入 990 mL 乙腈中，混匀。

② 甲酸铵-甲酸水溶液（2 mmol/L）：称取 0.126 1 g 甲酸铵，用 0.01％ 甲酸水溶液溶解并稀释至 1 000 mL，摇匀。

③ 甲酸铵-甲酸甲醇溶液（2 mmol/L）：称取 0.126 1 g 甲酸铵，用 0.01％甲酸甲醇溶液溶解并稀释至 1 000 mL，摇匀。

（3）标准品。331 种农药及其代谢物标准品，参见 GB 23200.121—2021 附录 B，纯度≥95％。

（4）标准溶液配制。

① 标准储备溶液（1 000 mg/L）：准确称取约 10 mg（精确至 0.1 mg）各农药标准品，根据标准品的溶解性和测定的需要，选甲醇或乙腈等溶剂溶解并分别定容至 10 mL，避光−18 ℃及以下条件保存，有效期 1 年。

② 混合标准储备溶液（20～50 mg/L）：吸取一定量的农药标准储备溶液于容量瓶中，用乙腈定容至刻度，避光−18 ℃及以下条件保存，有效期 6 个月。

③ 混合标准溶液（5 mg/L）：吸取一定量的混合标准储备溶液于容量瓶中，用乙腈定容至刻度，避光−18 ℃及以下条件保存，有效期 1 个月。

（5）材料。

① 乙二胺-N-丙基硅烷化硅胶（PSA）：粒径 40～60 μm。

② 十八烷基硅烷键合硅胶（C_{18}）：粒径 40～60 μm。

③ 石墨化炭黑（GCB）：粒径 40～120 μm。

④ 陶瓷均质子：2 cm（长）×1 cm（外径），或相当者。

⑤ 微孔滤膜（有机相）：13 mm×0.22 μm，或相当者。

3. 仪器

（1）液相色谱-三重四极杆质谱联用仪：配有电喷雾离子源（ESI）。

（2）分析天平：感量分别为 0.1 mg 和 0.01 g。

（3）离心机：转速不低于 5 000 r/min。

（4）组织捣碎机。

（5）涡旋混合器。

4. 试样制备与储存

（1）试样制备。样品测定部位按照 GB 2763 附录 A 的规定执行。

食用菌、热带和亚热带水果（皮可食）随机取样 1 kg，水生蔬菜、茎菜类蔬菜、豆类蔬菜、核果类水果、热带和亚热带水果（皮不可食）随机取样 2 kg，瓜类蔬菜和水果取 4～6 个个体（取样量不少于 1 kg），其他蔬菜和水果随机取样 3 kg。对于个体较小的样品，取样后全部处理；对于个体较大的基本均匀样品，可在对称轴或对称面上分割或切成小块后处理；对于细长、扁平或组分含量在各部分有差异的样品，可在不同部位切取小片或截成小段后处理；取后的样品将其切碎，充分混匀，用四分法取一部分或全部用组织捣碎机匀浆后，放入聚乙烯瓶中。

干制蔬菜、水果和食用菌随机取样 500 g，粉碎后充分混匀，放入聚乙烯瓶或袋中。谷类随机取样 500 g，粉碎后使其全部可通过 425 μm 的标准网筛，放入聚乙烯瓶或袋中。油料、茶叶、坚果和香辛料随机取样 500 g，粉碎后充分混匀，放入聚乙烯瓶或袋中。

植物油类搅拌均匀，放入聚乙烯瓶中。

（2）试样储存。将试样按照测试和备用分别存放。于 -18 ℃及以下条件保存。

5. 分析步骤

（1）蔬菜、水果、食用菌和糖料。称取 10 g 试样（精确至 0.01 g）于 50 mL 塑料离心管中，加入 10 mL 乙腈及 1 颗陶瓷均质子，剧烈振荡 1 min，加入 4 g 无水硫酸镁、1 g 氯化钠、1 g 柠檬酸钠二水合物、0.5 g 柠檬酸二钠盐倍半水合物，剧烈振荡 1 min 后 4 200 r/min 离心 5 min。定量吸取上清液至内含除水剂和净化材料的塑料离心管中（每毫升提取液使用 150 mg 无水硫酸镁、25 mg PSA）；对于颜色较深的试样，离心管中另加入 GCB（每毫升提取液使用 2.5 mg），涡旋混匀 1 min。4 200 r/min 离心 5 min，吸取上清液过微孔滤膜，待测定。

注：对于干制蔬菜、水果和食用菌，称取 1 g 试样（精确至 0.01 g）于 50 mL 塑料离心管中，加 9 mL 水涡旋混匀，静置 30 min 后按上述方式处理。

（2）谷物、油料和坚果。称取 5 g 试样（精确至 0.01 g）于 50 mL 塑料离心管中，加 10 mL 水涡旋混匀，静置 30 min。加入 15 mL 乙腈-乙酸溶液及 1 颗陶瓷均质子，剧烈振荡 1 min，加入 6 g 无水硫酸镁、1.5 g 乙酸钠，剧烈振荡 1 min 后 4 200 r/min 离心 5 min。定量吸取上清液至内含除水剂和净化材料的塑料离心管中（每毫升提取液使用 150 mg 无水硫酸镁、50 mg C_{18} 和 50 mg PSA），涡旋混匀 1 min。4 200 r/min 离心 5 min，吸取上清液过微孔滤膜，待测定。

（3）茶叶和香辛料。称取 2 g 试样（精确至 0.01 g）于 50 mL 塑料离心管中，加 10 mL 水涡旋混匀，静置 30 min。加入 15 mL 乙腈-乙酸溶液及 1 颗陶瓷均质子，剧烈振荡 1 min，加入 6 g 无水硫酸镁、1.5 g 乙酸钠，剧烈振荡 1 min 后 4 200 r/min 离心 5 min。定量吸取上清液至内含除水剂和净化材料的塑料离心管中（每毫升提取液使用 150 mg 无水硫酸镁、50 mg C_{18}、50 mg PSA 和 25 mg GCB），涡旋混匀 1 min。4 200 r/min 离心 5 min，吸取上清液过微孔滤膜，待测定。

（4）植物油。称取 2 g 试样（精确至 0.01 g）于 50 mL 塑料离心管中，加入 5 mL 水。加入 10 mL 乙腈及 1 颗陶瓷均质子，剧烈振荡 1 min，加入 4 g 无水硫酸镁、1 g 氯化钠、1 g 柠檬酸钠二水合物、0.5 g 柠檬酸二钠盐倍半水合物，剧烈振荡 1 min 后 4 200 r/min 离心 5 min。定量吸取上清液至内含除水剂和净化材料的塑料离心管中（每毫升提取液使用 150 mg 无水硫酸镁、50 mg C_{18} 和 50 mg PSA），涡旋混匀 1 min。4 200 r/min 离心 5 min，吸取上清液过微孔滤膜，待测定。

注：测定蔬菜、水果、食用菌、糖料、植物油中磺酰脲类除草剂、环己烯酮类除草剂（烯草酮、烯草酮砜、烯草酮亚砜、噻草酮、三甲苯草酮、烯禾啶）、三唑并嘧啶磺酰胺类除草剂（双氟磺草胺、唑嘧磺草胺、五氟磺草胺）、氟啶胺、螺虫乙酯及其代谢物、甲磺草胺、苯嘧磺草胺、苯噻隆、氰霜唑代谢物 CCIM 和异噁唑草酮-二酮腈时，PSA 的用量降低至每毫升提取液 5 mg，谷物、油料、坚果降低至每毫升提取液 10 mg。

（5）测定。

① 液相色谱参考条件。

a）色谱柱：C_{18}，2.1 mm（内径）×100 mm，1.8 μm，或相当者。

b）流动相：A 相为甲酸铵-甲酸水溶液，B 相为甲酸铵-甲酸甲醇溶液。流动相及其梯度条件见表 2-4。

c）流速：0.3 mL/min。

d）柱温：40 ℃。

e) 进样量：2 μL。

表 2-4　流动相及其梯度条件（$V_A + V_B$）

时间（min）	V_A（%）	V_B（%）
0	97	3
1	97	3
1.5	85	15
2.5	50	50
18	30	70
23	2	98
27	2	98
27.1	97	3
30	97	3

② 质谱参考条件。

a) 离子源类型：电喷雾离子源。

b) 扫描方式：正离子和负离子同时扫描。

c) 电喷雾电压：正离子 5 500 V，负离子－4 500 V。

d) 离子源温度：350 ℃。

e) 雾化气：0.345 MPa。

f) 辅助加热气：0.345 MPa。

g) 多反应监测：每种农药分别选择至少 2 个子离子。所有需要检测的子离子按照出峰顺序，分时段分别检测。每种农药的保留时间、母离子、子离子及离子对质谱参数，参见 GB 23200.121—2021 附录 C。

③ 基质匹配标准工作曲线。选择与被测样品性质相同或相似的空白样品按照（1）～（4）部分进行前处理，得到空白基质溶液。精确吸取一定量的混合标准溶液，逐级用空白基质溶液稀释成质量浓度为 0.002 mg/L、0.005 mg/L、0.01 mg/L、0.02 mg/L、0.05 mg/L、0.1 mg/L、0.2 mg/L 和 0.5 mg/L 的基质匹配标准工作溶液。根据仪器性能和检测需要，选择不少于 5 个浓度点，供液相色谱-质谱联用仪测定。以农药定量用子离子的质量色谱图峰面积为纵坐标、相对应的基质匹配标准工作溶液质量浓度为横坐标，绘制基质匹配标准工作曲线。

④ 定性及定量。

a) 保留时间。被测试样中目标农药色谱峰的保留时间与相应标准色谱峰的保留时间相比较，相对误差应在±2.5%之内。

b）离子丰度比。在相同实验条件下进行样品测定时，如果检出的色谱峰的保留时间与标准样品相一致，并且在扣除背景后的样品质谱图中，目标化合物选择的子离子均出现，而且同一检测批次，对同一化合物，样品中目标化合物的离子丰度比与质量浓度相当的基质标准溶液相比，其允许偏差不超过表2-5规定的范围，则可判断样品中存在目标农药。

表2-5　定性时离子丰度比的最大允许偏差

离子丰度比	>50%	>20%至50%	>10%至20%	≤10%
允许相对偏差	±20%	±25%	±30%	±50%

本方法的标准物质LC-MS/MS多反应监测质量色谱图，参见GB 23200.121—2021附录D。

c）定量。外标法定量。

（6）试样溶液的测定。将基质匹配标准工作溶液和试样溶液依次注入液相色谱-质谱联用仪中，保留时间和离子丰度比定性，测得定量用子离子的质量色谱图峰面积，待测样液中农药的响应值应在仪器检测的定量测定线性范围之内，超过线性范围时，应根据测定浓度进行适当倍数稀释后再进行分析。

（7）平行试验。按以上步骤对同一试样进行平行试验测定。

（8）空白试验。除不加试样外，采用完全相同的测定步骤进行平行操作。

6. 结果计算　试样中各农药残留量以质量分数 ω 计，数值以毫克每千克（mg/kg）表示，按公式（2-7）或公式（2-8）计算。

$$\omega = \frac{\rho_1 \times A \times V}{A_S \times m} \times \frac{1000}{1000} \tag{2-7}$$

$$\omega = \frac{\rho_2 \times V}{m} \times \frac{1000}{1000} \tag{2-8}$$

式中：

ω ——试样中被测物的残留量，单位为毫克每千克（mg/kg）；

ρ_1 ——基质匹配标准工作溶液中被测物的质量浓度，单位为毫克每升（mg/L）；

ρ_2 ——从基质匹配标准工作曲线中得到的试样溶液中被测物的质量浓度，单位为毫克每升（mg/L）；

A ——试样溶液中被测物的质量色谱图峰面积；

A_S ——基质匹配标准工作溶液中被测物的质量色谱图峰面积；

V ——提取液的体积，单位为毫升（mL）；

m ——试样的质量，单位为克（g）；

计算结果以重复性条件下获得的 2 次独立测定结果的算术平均值表示，保留 2 位有效数字。当含量超 1 mg/kg 时，保留 3 位有效数字。

7. 精密度　在重复性条件下，获得的 2 次独立测试结果的绝对差值不得超过重复性限（r），参见 GB 23200.121—2021 附录 E。在再现性条件下，获得的 2 次独立测试结果的绝对差值不得超过再现性限（R），参见 GB 23200.121—2021 附录 E。

8. 其他　本方法对各种化合物的定量限为 0.002～0.2 mg/kg，参见 GB 23200.121—2021 附录 A。

第四节　高分辨质谱高通量筛查方法

一、植物源农产品中 600 种农药残留高通量筛查　液相色谱-四级杆-飞行时间质谱法

1. 原理　试样用乙腈提取，提取液经分散固相萃取净化，液相色谱-四级杆-飞行时间质谱联用仪检测，外标法定量。

2. 试剂和材料　除非另有说明，在分析中仅使用分析纯的试剂，水为 GB/T 6682 规定的一级水。

（1）试剂。

① 乙腈（CH_3CN，CAS 号：75-05-8）。

② 乙腈（CH_3CN，CAS 号：75-05-8）：色谱纯。

③ 甲醇（CH_3OH，CAS 号：67-56-1）：色谱纯。

④ 氯化钠（NaCl，CAS 号：7647-14-5）。

⑤ 乙酸钠（CH_3COONa，CAS 号：127-09-3）。

⑥ 乙酸（CH_3COOH，CAS 号：64-19-7）。

⑦ 无水硫酸镁（$MgSO_4$，CAS 号：7487-88-9）。

⑧ 柠檬酸钠二水合物（$C_6H_5Na_3O_7 \cdot 2H_2O$，CAS 号：6132-04-3）。

⑨ 柠檬酸二钠盐倍半水合物（$C_6H_6Na_2O_7 \cdot 1.5H_2O$，CAS 号：6132-05-4）。

⑩ 甲酸（HCOOH，CAS 号：64-18-6）：色谱纯。

⑪ 甲酸铵（$HCOONH_4$，CAS 号：540-69-2）。

（2）溶液配制。

① 乙腈-乙酸溶液（99＋1）：量取 10 mL 乙酸，加入 990 mL 乙腈中，混匀。

② 甲酸铵-甲酸水溶液（2 mmol/L）：称取 0.126 1 g 甲酸铵，用 0.01％甲酸水溶液溶解并稀释至 1 000 mL，摇匀。

③ 甲酸铵-甲酸甲醇溶液（2 mmol/L）：称取 0.126 1 g 甲酸铵，用 0.01％甲酸甲醇溶液溶解并稀释至 1 000 mL，摇匀。

（3）标准品。600 种农药及其代谢物标准品，纯度≥95％。

（4）标准溶液配制。

① 标准储备溶液（1 000 mg/L）：准确称取约 10 mg（精确至 0.1 mg）各农药标准品，根据标准品的溶解性和测定的需要，选甲醇或乙腈等溶剂溶解并分别定容至 10 mL，避光－18 ℃及以下条件保存，有效期 1 年。

② 混合标准储备溶液（20～50 mg/L）：吸取一定量的农药标准储备溶液于容量瓶中，用乙腈定容至刻度，避光－18 ℃及以下条件保存，有效期6 个月。

③ 混合标准溶液（5 mg/L）：吸取一定量的混合标准储备溶液于容量瓶中，用乙腈定容至刻度，避光－18 ℃及以下条件保存，有效期 1 个月。

（5）材料。

① 乙二胺-N-丙基硅烷化硅胶（PSA）：粒径 40～60 μm。

② 十八烷基硅烷键合硅胶（C$_{18}$）：粒径 40～60 μm。

③ 石墨化炭黑（GCB）：粒径 40～120 μm。

④ 陶瓷均质子：2 cm（长）×1 cm（外径），或相当者。

⑤ 微孔滤膜（有机相）：13 mm×0.22 μm，或相当者。

3. 仪器

（1）液相色谱-四级杆-飞行时间质谱联用仪：配有电喷雾离子源（ESI）。

（2）分析天平：感量分别为 0.1 mg 和 0.01 g。

（3）离心机：转速不低于 5 000 r/min。

（4）组织捣碎机。

（5）涡旋混合器。

4. 试样制备与储存

（1）试样制备。样品测定部位按照 GB 2763 附录 A 的规定执行。

食用菌、热带和亚热带水果（皮可食）随机取样 1 kg，水生蔬菜、茎菜类蔬菜、豆类蔬菜、核果类水果、热带和亚热带水果（皮不可食）随机取样 2 kg，瓜类蔬菜和水果取 4～6 个个体（取样量不少于 1 kg），其他蔬菜和水果随机取样 3 kg。对于个体较小的样品，取样后全部处理；对于个体较大的基本均匀样品，可在对称轴或对称面上分割或切成小块后处理；对于细长、扁平或组分含量在各部分有差异的样品，可在不同部位切取小片或截成小段后处理；取后的样品将其切碎，充分混匀，用四分法取一部分或全部用组织捣碎机匀浆后，放入聚乙烯瓶中。

干制蔬菜、水果和食用菌随机取样 500 g，粉碎后充分混匀，放入聚乙烯瓶或袋中。谷类随机取样 500 g，粉碎后使其全部可通过 425 μm 的标准网筛，放入聚乙烯瓶或袋中。油料、茶叶、坚果和香辛料随机取样 500 g，粉碎后充分混匀，放入聚乙烯瓶或袋中。

（2）试样储存。将试样按照测试和备用分别存放。于 −18 ℃ 及以下条件保存。

5. 分析步骤

（1）前处理。

① 蔬菜、水果和食用菌。称取 10 g 试样（精确至 0.01 g）于 50 mL 塑料离心管中，加入 10 mL 乙腈及 1 颗陶瓷均质子，剧烈振荡 1 min，加入 4 g 无水硫酸镁、1 g 氯化钠、1 g 柠檬酸钠二水合物、0.5 g 柠檬酸二钠盐倍半水合物，剧烈振荡 1 min 后 4 200 r/min 离心 5 min。定量吸取上清液至内含除水剂和净化材料的塑料离心管中（每毫升提取液使用 150 mg 无水硫酸镁、25 mg PSA）；对于颜色较深的试样，离心管中另加入 GCB（每毫升提取液使用 2.5 mg），涡旋混匀 1 min。4 200 r/min 离心 5 min，吸取上清液过微孔滤膜，待测定。

注：对于干制蔬菜、水果和食用菌，称取 1 g 试样（精确至 0.01 g）于 50 mL 塑料离心管中，加 9 mL 水涡旋混匀，静置 30 min 后按上述方式处理。

② 谷物、油料和坚果。称取 5 g 试样（精确至 0.01 g）于 50 mL 塑料离心管中，加 10 mL 水涡旋混匀，静置 30 min。加入 15 mL 乙腈-乙酸溶液及 1 颗陶瓷均质子，剧烈振荡 1 min，加入 6 g 无水硫酸镁、1.5 g 乙酸钠，剧烈振荡 1 min 后 4 200 r/min 离心 5 min。定量吸取上清液至内含除水剂和净化材料的塑料离心管中（每毫升提取液使用 150 mg 无水硫酸镁、50 mg C_{18} 和 50 mg PSA），涡旋混匀 1 min。4 200 r/min 离心 5 min，吸取上清液过微孔滤膜，待测定。

③ 茶叶和香辛料。称取 2 g 试样（精确至 0.01 g）于 50 mL 塑料离心管中，加 10 mL 水涡旋混匀，静置 30 min。加入 15 mL 乙腈-乙酸溶液及 1 颗陶

瓷均质子，剧烈振荡 1 min，加入 6 g 无水硫酸镁、1.5 g 乙酸钠，剧烈振荡 1 min 后 4 200 r/min 离心 5 min。定量吸取上清液至内含除水剂和净化材料的塑料离心管中（每毫升提取液使用 150 mg 无水硫酸镁、50 mg C_{18}、50 mg PSA 和 25 mg GCB），涡旋混匀 1 min。4 200 r/min 离心 5 min，吸取上清液过微孔滤膜，待测定。

（2）混合基质标准溶液的制备。选择与被测样品性质相同或相似的空白样品按照（1）步骤进行前处理，得到空白基质溶液。精确吸取一定量的混合标准溶液，用空白基质溶液稀释成质量浓度为 0.02 mg/L 的基质匹配标准工作溶液。

（3）测定

① 液相色谱参考条件。

a）色谱柱：C_{18}，2.1 mm（内径）×100 mm，1.8 μm，或相当者。

b）流动相：A 相为甲酸铵-甲酸水溶液，B 相为甲酸铵-甲酸甲醇溶液。流动相及其梯度条件见表 2-6。

c）流速：0.4 mL/min。

d）柱温：40 ℃。

e）进样量：2 μL。

表 2-6 流动相及其梯度条件（$V_A + V_B$）

时间（min）	V_A（%）	V_B（%）
0	97	3
1	97	3
1.5	85	15
18	5	95
22	5	95
22.1	97	3
27	97	3

② 质谱参考条件。

a）离子源类型：电喷雾离子源。

b）扫描方式：TOF-IDA-10 MS/MS 模式，质量扫描范围 m/z 50～1 000。

c）电喷雾电压：正离子 5 500 V，负离子－4 500 V。

d) 离子源温度：550 ℃。

e) 雾化气：55 psi。

f) 辅助加热气：55 psi。

g) 气帘气：30 psi。

③ 质谱数据库的建立。

a) 一级精确质量数据库。输入 600 种农药的名称、CAS 号及分子式，由高分辨质谱谱库构建软件计算得到每个化合物的理论质量数。在①、②节的仪器条件下，对混合标准工作溶液进样，进行一级质谱全扫描，获得目标化合物的保留时间，确定灵敏度最高的分子离子加合形式（＋H 或＋Na 或＋K 或＋NH_4 或－H），建立 600 种农药的一级精确质量数据库。

b) 二级碎片离子谱库。用针泵连接质谱测定标准溶液（单标最优），对目标物的母离子施加不同碰撞能量进行全扫描测定，获得二级碎片离子谱图信息，建立 600 种农药的二级精确质量谱图库。

6. 定性筛查

（1）按一级数据库中提供的精确质量数从样品数据中自动搜寻是否存在目标一级母离子。

（2）如果存在，对质量误差进行打分评价、对该母离子的同位素丰度打分评价。

（3）将样品中该母离子的保留时间与一级数据库中预期的保留时间进行比较。

（4）将样品中采集到的该母离子的二级碎片离子图谱与库中的标准图谱进行镜像比较，打分评价。

（5）将质量误差、同位素丰度比、保留时间和二级碎片谱图匹配度这 4 个评价指标设置权重，进行综合评分。

目标物筛查判定条件见表 2－7。

表 2－7 目标物筛查判定条件

判别项	判定条件	权重（％）
母离子精确质量偏差	≤5/1 000 000	30
保留时间偏差	≤2%	20
同位素丰度比	≤10%	10
二级谱库比对得分	≥80	40

7. 假阴性率　本方法的假阴性率≤5%。

8. 假阳性率　本方法的假阳性率≤10%。

9. 定量　外标法定量。

10. 方法筛查限　本方法的方法筛查限为：0.005 mg/kg。

二、植物源农产品中 280 种农药残留高通量筛查　气相色谱-高分辨质谱法

1. 方法提要　试样用乙腈提取，提取液经分散固相萃取净化，气相色谱-四级杆-飞行时间质谱仪筛查测定。

2. 试剂材料　除另有说明外，所用试剂均为分析纯，水符合 GB/T 6682 规定的一级水。

（1）试剂。

① 乙酸乙酯（$CH_3COOHC_2H_5$）：色谱级。

② 乙腈（CH_3CN）：色谱纯。

③ 无水硫酸镁（$MgSO_4$）：研磨后在 500 ℃马弗炉内烘 5 h，200 ℃时取出装瓶，储于干燥器中，冷却后备用。

④ 氯化钠（NaCl）。

⑤ 柠檬酸钠二水合物（$Na_3C_6H_5O_7 \cdot 2H_2O$）。

⑥ 柠檬酸二钠盐倍半水合物（$C_6H_6Na_2O_7 \cdot 1.5H_2O$）。

⑦ 乙酸铵（CH_3COONH_4）：色谱纯。

（2）标准品。280 种农药标准品，纯度均≥95%。

（3）标准溶液配制。

① 标准储备溶液（1 000 mg/L）：准确称取约 10 mg（精确至 0.1 mg）各农药标准品，根据标准品的溶解性和测定的需要选择丙酮或乙腈等溶剂溶解并分别定容至 10 mL，于−18 ℃以下避光保存，有效期 1 年。

② 混合标准储备溶液（20 mg/L）：按照各农药的性质和保留时间，将农药分组，根据分组分别吸取一定量各种农药标准储备溶液于 10 mL 容量瓶中，用乙腈定容至刻度，分别配制成 20 mg/L 的混合标准储备溶液，于−18 ℃以下避光保存，有效期为 6 个月。

③ 混合标准溶液（5 mg/L）：准确移取一定量各混合标准储备液于 10 mL 容量瓶中，用乙腈定容至刻度，配制成 5 mg/L 混合标准溶液，于−18 ℃以下避光保存，有效期为 1 个月。

④ 基质混合标准工作溶液：空白基质溶液氮气吹干，加入 1 mL 相应质量

浓度的混合标准溶液复溶，过微孔滤膜。基质混合标准工作溶液现用现配。

（4）材料。

① 十八烷基硅烷键合硅胶（C$_{18}$）：40～60 μm。

② 二胺-N-丙基硅烷化硅胶（PSA）：40～60 μm。

③ 石墨化碳黑（GCB）：40～120 μm。

④ 陶瓷均质子：2 cm（长）×1 cm（外径），或相当者。

⑤ 微孔滤膜：0.22 μm，尼龙针式过滤器。

3. 仪器和设备

（1）气相色谱-四级杆-飞行时间质谱仪：配有电子轰击源（EI），分辨率≥12 000（按半峰全宽（FWHM）处）。

（2）电子天平：感量分别为 0.01 g 和 0.01 mg。

（3）离心机：最大转速为 10 000 r/min。

（4）均质机。

（5）旋涡混匀器。

4. 试样制备与储存

（1）试样制备。

样品制备部位按照 GB 2763 附录 A 的规定执行。

① 蔬菜、水果、食用菌。食用菌、热带和亚热带水果（皮可食）随机取样 1 kg，瓜果蔬菜和水果取 4～6 个个体（不少于 1 kg），水生蔬菜、茎菜蔬菜、豆类蔬菜、核果类蔬菜、热带和亚热带水果（皮不可食）随机取样 2 kg，其他蔬菜、水果随机取样 3 kg。对于个体较小的样品，取样后全部处理；对于个体较大的基本均匀样品，可在对称轴或对称面上分割或切成小块后处理；对于细长、扁平或组分含量在各部分有差异的样品，可在不同部位切取小片或截成小段后处理；取后的样品将其切碎，充分混匀，用四分法取一部分或全部用组织捣碎机匀浆后，放入聚乙烯瓶中。

② 谷物。谷物随机取样 500 g，粉碎后使其全部可通过 425 μm 的标准网筛，放入聚乙烯瓶中。

③ 油料、坚果、茶叶、香辛料。油料、坚果、茶叶、香辛料随机取样 500 g，粉碎后充分混匀，放入聚乙烯瓶中。

④ 干制蔬菜、干制水果、干制食用菌。干制蔬菜、干制水果和干制食用菌样品随机取样 500 g，粉碎后充分混匀，放入聚乙烯瓶中。

（2）试样储存。将制备好的试样分成 2 份，作为测试样和留样，于-18 ℃以下密封储存。

5. 分析步骤

（1）前处理。

① 蔬菜、水果、食用菌。称取 10 g（精确至 0.01 g）试样于 50 mL 离心管中，加入 10 mL 乙腈及 1 颗陶瓷均质子，剧烈振荡 1 min，加入 4 g 无水硫酸镁、1 g 氯化钠、1 g 柠檬酸钠二水合物、0.5 g 柠檬酸二钠盐倍半水合物，迅速剧烈振荡 1 min，4 000 r/min 离心 5 min，定量吸取上清液至内含除水剂和净化材料的塑料离心管中（每毫升提取液使用 150 mg 无水硫酸镁、25 mg PSA）；对于颜色较深的试样，离心管中另加入 GCB（每毫升提取液使用 2.5 mg），涡旋振荡 1 min，4 000 r/min 离心 5 min，吸取 2 mL 上层清液于 10 mL 试管中，40 ℃ 水浴中氮气吹至近干。加入 1 mL 乙酸乙酯复溶，过微孔滤膜，上机测定。

② 干制蔬菜、干制水果、干制食用菌。称取 2 g（精确至 0.01 g）试样于 50 mL 离心管中，加入 10 mL 水浸泡 30 min，加入 10 mL 乙腈及 1 颗陶瓷均质子，剧烈振荡 1 min，加入 4 g 无水硫酸镁、1 g 氯化钠、1 g 柠檬酸钠二水合物、0.5 g 柠檬酸二钠盐倍半水合物，迅速剧烈振荡 1 min，4 000 r/min 离心 5 min，定量吸取上清液至内含除水剂和净化材料的塑料离心管中（每毫升提取液使用 150 mg 无水硫酸镁、25 mg PSA，50 mg C_{18}）；对于颜色较深的试样，离心管中另加入 GCB（每毫升提取液使用 2.5 mg），涡旋振荡 1 min，4 000 r/min 离心 5 min，吸取 2 mL 上层清液于 10 mL 试管中，40 ℃ 水浴中氮气吹至近干。加入 1 mL 乙酸乙酯复溶，过微孔滤膜，上机测定。

③ 谷物、油料和坚果。称取 5 g（精确至 0.01 g）试样于 50 mL 离心管中，加入 10 mL 水浸泡 30 min，加入 10 mL 乙腈及 1 颗陶瓷均质子，剧烈振荡 1 min，加入 4 g 无水硫酸镁、1 g 氯化钠、1 g 柠檬酸钠二水合物、0.5 g 柠檬酸二钠盐倍半水合物，迅速剧烈振荡 1 min，4 000 r/min 离心 5 min，定量吸取上清液至内含除水剂和净化材料的塑料离心管中（每毫升提取液使用 150 mg 无水硫酸镁、25 mg PSA，50 mg C_{18}）；对于颜色较深的试样，离心管中另加入 GCB（每毫升提取液使用 2.5 mg），涡旋振荡 1 min，4 000 r/min 离心 5 min，吸取 2 mL 上层清液于 10 mL 试管中，40 ℃ 水浴中氮气吹至近干。加入 1 mL 乙酸乙酯复溶，过微孔滤膜，上机测定。

④ 茶叶和香辛料。称取 2 g（精确至 0.01 g）试样于 50 mL 离心管中，加入 10 mL 水浸泡 30 min，加入 10 mL 乙腈及 1 颗陶瓷均质子，剧烈振荡 1 min，加入 4 g 无水硫酸镁、1 g 氯化钠、1 g 柠檬酸钠二水合物、0.5 g 柠檬酸二钠盐倍半水合物，迅速剧烈振荡 1 min，4 000 r/min 离心 5 min，定量吸取上清

液至内含除水剂和净化材料的塑料离心管中（每毫升提取液使用 150 mg 无水硫酸镁、50 mg PSA、50 mg C_{18} 和 25 mg GCB），涡旋振荡 1 min，4 000 r/min 离心 5 min，吸取 2 mL 上层清液于 10 mL 试管中，40 ℃ 水浴中氮气吹至近干。加入 1 mL 乙酸乙酯复溶，过微孔滤膜，上机测定。

（2）空白样品基质溶液的制备。取不含目标化合物的样品，按（1）步骤制备。

（3）测定。

① 气相色谱参考条件。

参考以下条件：

a）色谱柱：2 根 HP - 5 ms，长 15 m，内径 0.25 mm，粒径 0.25 μm，或相当者；柱中反吹。

b）柱温：50 ℃ 保持 1 min，以 40 ℃/min 升温到 130 ℃；以 5 ℃/min 升温到 250 ℃；以 20 ℃/min 升温到 300 ℃，保持 5 min。

c）载气：氦气，纯度 ≥99.999%。

d）流速：前柱：1.0 mL/min，后柱：1.2 mL/min。

e）进样量：1.0 μL。

f）进样口温度：280 ℃。

g）传输线温度：280 ℃。

h）进样方式：不分流进样。

② 质谱参考条件。

a）离子源类型：电子轰击源（EI）。

b）离子源温度：280 ℃。

c）四极杆温度：150 ℃。

d）电离能量：70.0 eV。

e）扫描模式：一级质谱采用 MS 全扫描模式；质量范围：50～550 amu；二级质谱采用 MS/MS 模式，扫描范围为 50～550 amu；碰撞能量为 10 V、20 V、40 V。

f）采集速率：3 spect/s。

g）溶剂延迟：4 min。

③ 质谱数据库的建立。

a）一级精确质量数据库。在①、②节的仪器条件下，对基质混合标准工作溶液进样，进行一级质谱全扫描，选择信号强度未饱和的数据结果（若信号强度饱和，以乙腈稀释标准溶液后进样），获得目标化合物的保留时间和精确质量数等信息；在谱库构建软件中，输入对应的名称、分子式、CAS号、保留时间，并导入采集的质谱图，建立280种农药的一级精确质量数据库。

b）二级精确质量数据库。在①、②的仪器条件下，根据一级质谱图中离子的质荷比大小和强度，选择特征离子为二级质谱采集的母离子，对目标物的母离子施加不同碰撞能量进行测定，获得包括母离子、子离子和二级谱图信息，建立280种农药的二级精确质量数据库。

④ 目标物鉴别。在①、②的仪器条件下，对待测样品进样，进行一级扫描，若试样溶液中的目标化合物与质量数据库相比，信号响应要求、保留时间偏差、母离子精确质量数偏差满足表2-8的判定条件，且至少出现2个特征离子，则可以初步判断试样中含有该种农药或化合物，并按⑤步骤进行目标物确认。

表2-8　目标物筛查判定条件

判别项	判定条件	备注
信号响应要求	S/N≥3	色谱峰
保留时间	±2.5%	且≤±0.2 min
母离子精确质量数偏差	相对偏差≤15/1 000 000	—

⑤ 目标物确认。对于初步鉴别出的农药或化合物，在①、②的仪器条件下，对待测样品和混合基质标准工作溶液进样，进行二级扫描，若试样溶液中的目标化合物和混合基质标准溶液相比，至少出现母离子和2个子离子，且质量数偏差满足表2-9的判定条件，则判定为试样中存在这种农药或化合物。对于确认存在的农药或化合物，应采用其他标准方法定量测定。

表2-9　目标物确认判定条件

判别项	判定条件	备注
信号响应要求	检测浓度大于基质标准溶液	色谱峰
保留时间	≤±0.2 min	与基质标准溶液中的目标物相比
母离子精确质量数偏差	相对偏差≤5/1 000 000	—
子离子精确质量数偏差	相对偏差≤10/1 000 000	—

6. 假阴性率　本方法的假阴性率≤5%。

7. 假阳性率　本方法的假阳性率≤10%。

8. 方法筛查限　本方法的方法筛查限为：0.01 mg/kg。

第五节　农残检测结果计算应用实例

对于农药残留检测标准方法及食品中农药残留限量标准，虽然 GB 2763 对有些要求进行了规定，但具体的操作过程没有规定，导致检测人员在实际检测过程中产生很多困惑甚至是错误，有些评审人员也会有疑问。例如，检测方法中规定了重复性限，但如何根据其进行计算和判定，很多基层检测人员并不了解；质谱方法中定性判定时，不同情况下对离子丰度比偏差的要求不尽相同；在 GB 2763 中规定了一些农产品如核果类水果及部分热带水果，其去核检测的样品，残留量应计入果核的重量，但如何来计算存在不少分歧和误解；很多农药的残留物定义包括其代谢物，代谢物的检出量要换算成原体的量与原体合并后报告，但标准没有说明如何换算，基层检测人员将其简单加和甚至错误折算的情况屡见不鲜。针对以上实际应用问题，本节以实例形式进行介绍，供相关人员参考。

一、采用线性内插法计算农残检测平行结果的重复性判定实例

在重复性条件下，测定某样品中某农药残留含量分别为 0.42 mg/kg 和 0.38 mg/kg。已知标准中该农药在 0.10 mg/kg 浓度时，重复性限（r）为 0.04；该农药在 0.50 mg/kg 浓度时，重复性限（r）为 0.14。请问该农药平行结果是否符合要求？

答：根据线性内插法计算。

1. 两者含量平均值为 $(0.42+0.38)/2=0.40$ mg/kg

2. 根据公式 $(X-X_1)/(X_2-X_1)=(Y-Y_1)/(Y_2-Y_1)$ 计算 0.40 mg/kg 处的重复性限

$$Y=Y_1+(Y_2-Y_1)\times(X-X_1)/(X_2-X_1)$$
$$=0.04+(0.14-0.04)\times(0.40-0.10)/(0.50-0.10)$$
$$=0.115$$

3. 因为 2 次测试结果的绝对差 $|0.42-0.38|=0.04<0.115$，所以该农药平行结果的精密度符合方法要求。

二、核果类水果农药残留结果计算实例

某批次桃样品去除柄部后称重 700 g，桃核称重 80 g。将去除柄和核的样品粉碎均匀，检测结果为 0.1 mg/kg，计算最终样品中农残含量时，应为

多少?

答:根据GB 2763附录A表A.1中的要求,核果类水果及部分热带水果,去核检测的样品,残留量应计入果核的重量。

最终样品中农残含量=(果肉检测结果×果肉重)/全果重

$$=0.1\ mg/kg×(700-80)\ g/700\ g$$

$$=0.089\ mg/kg$$

该例子看似简单,但实际工作中存在好多计算错误的情况。对于本例,下面计算过程是典型的常见错误:

最终样品中农残含量=果肉检测结果/(果肉重/全果重)

$$=0.1\ mg/kg/\big[(700-80)\ g/700\ g\big]$$

$$=0.1\ mg/kg×700\ g/(700-80)\ g$$

$$=0.11\ mg/kg【错误】$$

其实,只要搞清楚一个逻辑,就不会出现错误:计入果核的重量后,含量是增加还是减少了?

首先,去除果核,也是默认果核中没有农药残留,或者不影响总体含量;那么,计算残留量的时候计入果核的重量,则最终计入果核的农药残留含量相对所检测的果肉中的含量是降低的。

三、含代谢产物农药残留检测结果推算应用实例

某样品检测结果:甲拌磷、甲拌磷砜分别为0.13 mg/kg和0.37 mg/kg,未检出甲拌磷亚砜。请问本次检测样品中甲拌磷的检测含量是多少?

答:按GB 2763的要求,残留物为甲拌磷及其氧类似物(亚砜、砜)之和,以甲拌磷表示。所以,有检出的代谢物要把检测出的代谢物量根据相对分子质量推算出原体的量,再进行加和,上报结果。

1. 甲拌磷、甲拌磷砜、甲拌磷亚砜的相对分子质量分别为260.38、292.38、276.38。

2. 甲拌磷砜推算为原体甲拌磷的计算公式:

甲拌磷(原体)含量=甲拌磷砜含量×甲拌磷相对分子质量/甲拌磷砜相对分子质量

$$=0.37×260.38/292.38$$

$$=0.33\ mg/kg$$

3. 本次检测样品中的甲拌磷含量为:$0.13+0.33=0.46\ mg/kg$。

公式中甲拌磷相对分子质量/甲拌磷砜相对分子质量为常数,其比值等于

0.89，为推算系数。为方便计算，保存此系数即可。表 2-10 中列出了农药残留检测中常用的推算系数。

表 2-10　农药代谢物推算系数

农药品种	推算系数
甲拌磷砜→甲拌磷	0.89（260.01/292.00）
甲拌磷亚砜→甲拌磷	0.94（260.01/276.00）
氟甲腈→氟虫腈	1.12（435.94/387.97）
氟虫腈砜→氟虫腈	0.96（435.94/451.93）
氟虫腈硫醚→氟虫腈	1.04（435.94/419.94）
涕灭威亚砜→涕灭威	0.92（190.08/206.07）
涕灭威砜→涕灭威	0.86（190.08/222.07）
3-羟基克百威→克百威	0.93（221.11/237.10）

本例的常见计算错误为简单折算：甲拌磷（原体）含量＝甲拌磷砜含量×甲拌磷砜相对分子质量/甲拌磷相对分子质量【错误】。

四、质谱定性时离子丰度比的判定实例

某机构检测人员使用液相色谱-串联质谱（LC-MS/MS）法测定一份农产品中的农药残留，定量离子对为 249.0＞92.9，定性离子对为 249.0＞156.0。基质标准溶液中离子丰度和上机试样溶液中离子丰度如表 2-11 所示，请计算并判断该农产品中是否含有目标化合物？

表 2-11　基质标准溶液和上机试样溶液中离子丰度

离子对	基质标准溶液离子丰度	上机试样溶液离子丰度
249.0＞92.9	48 410	43 085
249.0＞156.0	39 783	25 927

答：基质标准溶液中离子丰度比＝定性离子丰度/定量离子丰度＝39 783÷48 410×100％＝82.18％。

上机试样溶液中离子丰度比＝定性离子丰度/定量离子丰度 25 927÷43 085×100％＝60.17％

检测标准方法进行样品的定性测定中，有如下规定：在扣除背景后的样品质谱图中，目标化合物选择的子离子均出现，而且同一检测批次，对同一化合物，样品中目标化合物的离子丰度比与质量浓度相当的基质标准溶液相比，其

允许偏差不超过表 2-12 规定的范围，则可判断样品中存在目标农药。

表 2-12　定性时离子丰度比的最大允许偏差

离子丰度比	>50%	>20%至50%	>10%至20%	≤10%
允许相对偏差	±20%	±25%	±30%	±50%

根据表 2-12，当离子丰度比>50%时，允许的最大偏差（%）为±20%，离子丰度比最大允许相对偏差＝标准品离子丰度比＋标准品离子丰度比×允许相对偏差＝82.18%＋82.18%×（±20%）＝98.62%～65.74%。

判定：本样品上机试样溶液中离子丰度比为 60.17%，超出离子丰度比允许相对偏差，因此，判断该农产品中不含有目标化合物。

第三章

重金属检测方法

第一节 概 述

目前，尚无对重金属的严格统一定义，通常把密度大于 $4.5\,g/cm^3$ 的金属称为重金属，由于生物毒性和环境毒性相似，准金属（准金属又称"半金属""类金属""亚金属""似金属"，是性质介于金属和非金属之间的元素）砷、硒通常被归于重金属一类。另外，也有人按化学特性，将重金属定义如下：在规定实验条件下，在水溶液中，有些金属的离子能与外加硫化物或硫代乙酰胺试剂作用，生产不溶性硫化物沉淀，这类金属称为重金属。国际上公认影响比较大、毒性较高的重金属有 5 种，即汞、镉、铅、铬、砷，这些重金属进入人体后，不易排出或者分解，达到一定浓度后，会危害人体健康。重金属污染主要由采矿、废气排放、污水灌溉和使用重金属超标制品等人为因素所致。重金属污染具有隐蔽性、持续性、生物富集性和累积性等特点。一是隐蔽性，重金属污染在视觉上难以识别，导致受到污染的食物被直接食用，受到污染的水被用于灌溉农田、养殖或直接饮用，受到污染的土壤被用于农业生产。重金属可以通过空气、饮水、食物等多种途径进入人体，从而对人体产生直接或间接的危害，而这种危害只有通过一定的技术手段才能发现，具有隐蔽性。二是持续性，重金属污染与其他有机化合物的污染不同，很多有机化合物可以通过自然界本身物理的、化学的或生物的净化，发生分解或降解，使其有害性降低或消除。而重金属及其化合物大多性质稳定，在环境中很难降解，从而产生持续性的污染和危害。三是生物富集性和累积性，重金属可以通过食物链，使其在生物体内的浓度逐级大幅增高，最后进入人体产生毒性效应，并且污染物可能在人体某些器官组织中由于长期摄入而累积（如镉可以在人体的肝、肾等器官组织中蓄积）造成损伤。食物中所含的重金属不能通过水洗、浸泡、加热、烹调等方法减少。

导致农产品重金属含量超标的原因，主要是种植环境的污染。个别地区工矿企业的环保措施不到位，长期大量排污，导致土壤重金属含量过高，生产于此的农产品，就会有重金属含量超标的可能。但有时土壤重金属超标，农作物并不超标，因为重金属元素在环境中比较稳定，难以被植物吸收且迁移能力也较差。不同的重金属向农作物的迁移规律是不尽相同的。同时，重金属向作物的迁移活性也受到土壤性质的影响，如在酸性土壤中，重金属的活性就会增强，作物转化率也会提高。因此，南方的土壤相对于北方，引起产品污染的概率会高一些。另外，农作物对重金属的吸收富集能力也相差很大，如水稻对重金属镉的吸收富集能力就明显强于番茄、辣椒等茄果类蔬菜；同一种作物，不同品种之间对重金属的吸收富集能力也不尽相同。因此，并不是环境中的重金属含量越高，农产品中的重金属污染程度也越高，它们之间没有必然的相关性。

在《食品安全国家标准　食品中污染物限量》（GB 2762—2022）中规定了食品中铅、镉、汞、砷、锡、镍、铬的限量指标。本章重点介绍涉及种植业农产品的铅、镉、汞、砷、铬的检测技术。

一、重金属检测的前处理方法

种植业农产品中重金属含量较低，一般检测重金属含量时需将样品完全分解，将其转化为水溶液后，使用仪器进行测定，选择合适的前处理方法是准确分析的前提。常用的消解方法有干灰化法、湿消解法、压力罐消解法、微波消解法等。

1. 干灰化法　干灰化法是通过高温灼烧破坏样品中的有机物，使有机物脱水、炭化、分解、氧化，剩余的残渣即为无机盐，用酸或水溶液即可配制成待测溶液。该法适用于食品和植物样品等有机物含量多的样品测定，不适用于土壤和矿质等无机类样品的测定。最常用的器皿是坩埚，如铂坩埚、石英坩埚、瓷坩埚、热解石墨坩埚等。灰化助剂在干灰化法中起着至关重要的作用，主要包括加速氧化作用，防止一些组分挥发，防止灰分组分与坩埚材料反应等。在测定铜、铁、锰、锌、铬、镍、铝等元素时，适合采用干灰化法消解样品。干灰化法具有以下几项优点：①破坏有机物彻底，试样的基质很大程度上被减少，得到的溶液基体效应相对较小；②溶解残留物的酸用量少，空白值低；③操作简单，设备便宜，并且可以一次处理大批量样品。同时，干灰化法的缺点：①实验过程比较长，样品碳化时间需要 1 h 左右，灰化时间 4～6 h，如果灰化效果不好，还需要加入灰化助剂。②在高温状态，极易产生元素损失，回收率偏低，准确度低。由于灰化温度较高，一般都在 500 ℃左右，汞、砷、锡等元素在高温下易挥发损失，灰化温度过高会造成被测元素滞留，难以被酸溶出，可能被坩埚或器皿吸附，还有些样品可以与坩埚和器皿发生反应。

2. 湿消解法 湿消解法又称湿灰化法，利用氧化性酸和氧化剂对有机物进行氧化、水解，以分解有机物，释放样品中的无机成分，形成无机化合物。湿消解法是一项应用广泛的样品前处理方法，具有实用性强的优势，可以应用在绝大多数农产品重金属检测中。实验过程通常是试样加入消化剂后，于 100～200 ℃下加热使其消化，待消化液清亮后，蒸发近干时，再用硝酸、盐酸或水等溶解，定容待用。应注意加入硝酸、硫酸后，应小火缓缓加热，待反应平稳后方可大火加热，以免泡沫外溢，造成试样损失。补加硝酸等消化液时，最好将消化瓶从电热炉上取下，待冷却后再补加。常用试剂有硝酸、过氧化氢、氢氟酸、高氯酸、硫酸、盐酸等。单一的氧化性酸不易将试样完全分解，也容易发生危险，日常工作中常是 2 种或 2 种以上的氧化性酸联合使用。试剂分化学纯、分析纯、优级纯等级别，检测所用试剂需按照检测方法要求选择合适的试剂，并且在试剂采购后要进行试剂符合性检查。硝酸是氧化有机物的典型酸，与有机物反应生成一氧化氮。过氧化氢是氧化剂，与硝酸混合可减少含氮蒸汽，通过增加温度加速有机样品的消解过程。氢氟酸用于消解矿物、矿石、土壤、岩石以及含硅蔬菜，是唯一能分解二氧化硅和硅酸盐的酸类，为避免损坏仪器，可通过加入硼酸去除氢氟酸。高氯酸是一种强氧化剂，直接与有机物接触可能会发生爆炸，因此通常与硝酸组合使用，高氯酸大都在常压下使用，较少用于密闭消解中，要注意安全。硫酸通过脱水反应破坏有机物，因其高沸点可能超过消解罐的临界温度，为避免消解罐损坏或熔化，应严格控制温度。盐酸不属于氧化剂，通常不用来消解有机物。盐酸在高压与较高温度下可与许多硅酸盐及一些难溶氧化物、硫酸盐、氟化物作用，生成可溶性盐。湿消解法的优点是有机物分解速度快，处理时间较短，合理使用消解介质和控制消解温度，可有效避免成分损失。湿消解法的缺点：①试剂用量大，空白值较高，操作初期可能会产生大量泡沫而易外溢，需要随时观察消解情况；②消解时间较长，所以劳动强度较高，检测效率并不高；③消化时产生较强酸雾，需在通风橱内进行操作，且对通风橱有严重腐蚀作用。

3. 压力罐消解法 压力罐消解法是利用外部加热高压罐产生的高温高压来消解样品的方法。在密封容器内部产生的压力使试剂的沸点升高，因而消解温度较高，这种增高的温度和压力可显著地缩短样品的分解时间，而且使一些难溶解物质易于溶解。常用的密封容器是由聚四氟乙烯杯、盖，以及与之紧密配合的不锈钢外套组成。外面的套有一个螺旋顶或螺旋盖，拧紧后使聚四氟乙烯杯和盖紧密密闭，形成高压气密封。操作时应格外小心，因为混合反应物蒸发产生的压力为 7～12 MPa。应合理控制样品和试剂的容量，合理选择试剂，避免产生的压力超过容器的安全额定压力，分解温度需严格控制。分解完成后，需将消解罐彻底冷却后才能开，打开时应放在合适的通风橱内小心操作。压力罐消解法的优点是所需设备配套成本低，可大量处理样品，对样品分解能力强，可避免元素挥发损失，试剂用量较少，节约成本。压力罐消解法的缺点是存在爆炸的可能性，因此需注意安全，对压力罐的密封性要求高，反复使用压力罐会降低其密封性，逸出的酸蒸汽会腐蚀不锈钢外罐，不锈钢外罐被腐蚀可能会对消解样品造成二次污染。

4. 微波消解法 微波是一种频率为 300 MHz～300 GHz，波长范围在 1 mm～1 m 的电磁波，处于远红外线与无线电波之间。为防止民用微波功率对无线电通信、广播、电视和雷达等造成干扰，国际上规定，工业、科学研究、医学及家用等民用微波的频率为（2 450±50）MHz。因此，微波消解仪器所使用的频率基本上都是 2 450 MHz。金属材料不吸收微波，只能反射微波，适合用作微波炉的炉膛，来回反射作用在加热物质上，因此，微波炉中不能放金属容器。绝缘体可以透过微波，它几乎不吸收微波的能量。例如，玻璃、陶瓷、塑料（聚乙烯、聚苯乙烯）、聚四氟乙烯、石英、纸张等，它们对微波是透明的，微波可以穿透它们向前传播，适合用作微波腔内的传感器材料和密闭反应容器材料等。极性分子的物质会吸收微波，如水、酸等。极性分子在微波场中随着微波的频率而快速变换取向，来回转动，使分子间相互碰撞摩擦，吸收了微波的能量而使温度升高。

在实际应用中，通过微波较强的穿透性和激活反应能力，可以快速升高样品温度，借助密封装置，在其中加入适量的酸溶液，可以有效分解有机物质，这种方法称为微波消解法。微波可以有效穿透液态内部，经过区域发生热效应，有助于均匀加热，加热效率较高，与传统加热方式相比有突出优势。微波消解法的优点：①样品分解快速，消解时间短，通常以分钟计算而不是小时；②在密闭环境中进行，挥发性元素损失小，包括汞、砷等，污染小；③试剂消耗少，空白值低，操作简单，处理效率高。微波消解法也存在一定的不足：①成本较高。②不能实时监测消解过程，取样量较小，对样品均匀性要求很高。③样品消解前，需要进行充分的预处理；消解后，如果没有尽快将液体中的酸和氮氧化物去除，将对仪器设备产生腐蚀。④对高油脂样品常消解不完全且很容易爆罐损坏，需要避免微波泄露和消解罐压力过高带来的安全隐患。禁止使用高氯酸进行消化，有爆炸的危险。禁止使用微波消解法消解含有醇类、醚类、酮类、酚类化合物，以及含有丙烯醛、动物脂肪等的样品。

二、重金属检测的常用仪器

仪器分析方法主要有光学分析法、电化学分析法、热导法、色谱分析法、放射化学分析法、质谱分析法及仪器分析法联合使用等。目前，光学分析法常用于大部分金属、无机非金属的测定，色谱分析法常用于有机物的测定，质谱及核磁共振等技术常用于污染物状态和结构的分析。而在种植业农产品重金属检测中，原子吸收分光光度计（AAS）、原子荧光光度计（AFS）、电感耦合等离子体质谱仪（ICP-MS）等分析仪器占主导地位。

1. 原子吸收分光光度计（AAS） 原子吸收光谱法是基于气态的基态原子外层电子对紫外光和可见光范围相对应原子共振辐射线的吸收强度来定量被测元素含量的分析方法，是一种测量特定气态原子对光辐射吸收的方法。原子吸收分光光度计主要由光源、原子化器、分光系统和检测系统四部分组成。原子化器主要有火焰原子化器和电热原子化器两大类。火焰原子化器应用最普遍的是空气-乙炔火焰。将试样溶液喷入空气-乙炔火焰中，在火焰的高温下，待测元素化合物离解为基态原子，该基态原子蒸气对相应的空心阴极灯发射的特征谱线产生选择性吸收，测定其吸光度，以确定试样中待测元素的浓度。电热原子化器普遍应用的是石墨炉原子化器。将试样溶液注入石墨炉中，经过预先设定的干燥、灰化、原子化等升温程序使共存基体成分蒸发除去，同时在原子化阶段的高温下待测元素化合物离解为基态原子，并对空心阴极灯发射的特征光谱产生选择性吸收。在选择的最佳测定条件下，通过背景扣除，测定试液中待测元素的吸光度。原子吸收分光光度计应用范围广，可直接测定 70 多种金属元素（火焰法可测 70 余种，石墨炉法可测 60 余种），也可以用间接方法测定一些非金属元素和有机化合物。该分析技术灵敏度高、检出限低、选择性好、重现性好、精密度高，但普通原子吸收一般不能同时分析多种元素，不同元素测定需要更换元素灯。

2. 原子荧光光度计（AFS） 气态自由原子吸收光源的特征辐射后，原子的外层电子跃迁到较高能级，然后又跃迁返回基态或较低能级，同时发射出与原激发辐射波长相同或不同的光辐射即为原子荧光。原子荧光是光致发光，也是二次发光。当激发光源停止照射之后，再发射过程立即停止。原子荧光光度计主要由原子化器、激发光源高强度空心阴极灯、光电倍增管检测器组成。利用硼氢化钾或硼氢化钠作为还原剂，将样品溶液中的待分析元素还原为挥发性共价气态氢化物（或原子蒸气），然后借助载气将其导入原子化器，在氩-氢火焰中原子化而形成基态原子。基态原子吸收光源的能量而变成激发态，激发态原子在去活化过程中将吸收的能量以荧光的形式释放出来，在一定浓度范围内，荧光信号的强弱与样品中待测元素的含量成线性关系。因此，通过测量荧光强度就可以确定样品中被测元素的含量。但是，由于大部分金属不能产生荧光，现阶段只能对汞、砷、镉、铅、锌、锑、铋、硒、锡、碲、锗等十几种元素进行测定。该分析技术灵敏度高、检出限低，在一些元素的检测上较原子吸收光谱法有更低的检出限，属多元素分析，能同时测量多种元素，线性范围较宽，可达 3 个数量级，只使用氩气，运行成本低，但其可检测的元素种类少。

3. 电感耦合等离子体质谱仪（ICP-MS） 电感耦合等离子体质谱是目前痕量和超痕量成分多元素快速测定最有效的分析方法，也是同位素丰度测量最灵敏、最准确的方法之一。电感耦合等离子体质谱仪由离子源和质谱仪 2 个主要部分构成。其中，电感耦合等离子体作为高温离子源，温度可达 7 000 K，质谱仪为四级杆快速扫描质谱仪。试样溶液经过雾化由载气送入等离子体炬焰中，经过蒸发、解离、原子化、电离等过程。离子通过样品锥接口和离子传输系统进入高真空的质谱仪，通过高速顺序扫描分离测定，质谱仪根据元素特定质量数（质荷比）定性，采用外标法，以待测元素质谱信号与内标元素质谱信号的强度比与待测元素的浓度成正比进行定量分析。电感耦合等离子体质谱仪可测定的元素涵盖了元素周期表中大部分的元素，可以用于检测除氦、氖、氟、氢、氧、氮外几乎所有元素。该分析技术灵敏度高，检出限极低，可达十亿分之一，具有极宽的动态范围，线性范围可达 7～9 个数量级，检测效率高，属多元素分析技术，可同时测定多种元素，检测速度快，可在几分钟内完成几十种元素的定量检测。因检测方法是基于离子质量，相较于光谱法干扰较少，可进行同位素鉴别和测定，具有快速扫描能力（半定量分析），适用于有机溶剂，但其仪器成本昂贵。

结合日常实际检测经验，从实用性出发，下面对种植业农产品重金属检测的常用标准方法分类进行介绍，供读者参考。

第二节　原子吸收法

一、食品中铅的测定

本方法摘自 GB 5009.12—2023。

（一）石墨炉原子吸收光谱法

1. 原理　试样消解处理后，经石墨炉原子化，在 283.3 nm 处测定吸光度。在一定浓度范围内，铅的吸光度值与铅含量成正比，与标准系列比较定量。

2. 试剂和材料 除非另有说明，本方法所用试剂均为优级纯，水为GB/T 6682 规定的二级水。

（1）试剂。

① 硝酸（HNO_3）。

② 高氯酸（$HClO_4$）。

③ 磷酸二氢铵（$NH_4H_2PO_4$）。

④ 硝酸钯［$Pd(NO_3)_2$］。

⑤ 乙酸铵（CH_3COONH_4）。

⑥ 乙酸钠（CH_3COONa）。

（2）试剂配制。

① 硝酸溶液（5＋95）：量取 50 mL 硝酸，缓慢加入 950 mL 水中，混匀。

② 硝酸溶液（1＋9）：量取 50 mL 硝酸，缓慢加入 450 mL 水中，混匀。

③ 硝酸溶液（1＋99）：量取 10 mL 硝酸，缓慢加入 990 mL 水中，混匀。

④ 乙酸钠溶液（2 mol/L）：称取乙酸钠 164.0 g，加水溶解，定容至 1 000 mL。

⑤ 乙酸铵溶液（1 mol/L）：称取乙酸铵 77.1 g，加水溶解，定容至 1 000 mL。

⑥ 磷酸二氢铵-硝酸钯溶液：称取 0.02 g 硝酸钯，加少量硝酸溶液（1＋9）溶解后，再加入 2 g 磷酸二氢铵，溶解后用硝酸溶液（5＋95）定容至 100 mL，混匀。

（3）标准品。硝酸铅［$Pb(NO_3)_2$，CAS 号：10099-74-8］：纯度＞99.99%，或经国家认证并授予标准物质证书的铅标准溶液。

（4）标准溶液配制。

① 铅标准储备液（1 000 mg/L）：准确称取 1.598 5 g（精确至 0.000 1 g）硝酸铅，用少量硝酸溶液（1＋9）溶解，移入 1 000 mL 容量瓶，加水至刻度，混匀。

② 铅标准中间液（1.00 mg/L）：准确吸取铅标准储备液（1 000 mg/L）1.00 mL 于 1 000 mL 容量瓶中，加硝酸溶液（5＋95）定容至刻度，混匀。

③ 铅标准使用液（1.00 mg/L）：准确吸取铅标准中间液（10.0 mg/L）10.00 mL 于 100 mL 容量瓶中，加硝酸溶液（5＋95）定容至刻度，混匀。

④ 铅标准系列溶液：分别吸取铅标准使用液（1.00 mg/L）0 mL、0.2 mL、0.50 mL、1.0 mL、2.0 mL 和 4.0 mL 于 100 mL 容量瓶中，加硝酸溶液（5＋95）至刻度，混匀。此铅标准系列溶液的质量浓度分别为 0 μg/L、2.0 μg/L、

5.0 μg/L、10.0 μg/L、20.0 μg/L 和 40.0 μg/L。

注：可根据仪器的灵敏度、样品中铅的实际含量及不同仪器型号确定标准系列溶液中铅的质量浓度及硝酸溶液浓度。

3. 仪器和设备

注：所有玻璃器皿及聚四氟乙烯消解内罐均需硝酸溶液（1＋5）或硝酸溶液（1＋4）浸泡过夜，用自来水反复冲洗，最后用水冲洗干净，并晾干。

（1）原子吸收光谱仪：配石墨炉原子化器，附铅空心阴极灯。

（2）分析天平：感量分别为 0.1 mg 和 1 mg。

（3）可调式电热炉。

（4）可调式电热板。

（5）微波消解系统：配聚四氟乙烯消解内罐。

（6）恒温干燥箱。

（7）压力消解罐：配聚四氟乙烯消解内罐。

（8）固相萃取柱：填料为亚氨基二乙酸型树脂或相当者（0.075～0.150 nm，0.5 g，1 mL）。

4. 分析步骤

（1）试样制备。

① 固体干样：豆类、谷物、菌类、茶叶、干制水果、烘焙食品等低含水量样品，取可食部分。必要时，经高速粉碎机粉碎均匀。对于固体乳制品、蛋白粉、面粉等呈均匀状的粉状样品，摇匀。

② 固态鲜样：蔬菜、水果、水产品等高含水量样品，必要时洗净，晾干，取可食部分匀浆均匀。

③ 速冻及罐头食品：经解冻的速冻食品及罐头样品，取可食部分匀浆均匀。

④ 液态样品：软饮料、调味品等样品摇匀。

⑤ 半固态样品：搅拌均匀。

（2）试样前处理。

① 湿法消解。称取固体试样 0.2～3 g（精确至 0.001 g）或准确移取液体试样 0.50～5.00 mL 于带刻度消化管中，含乙醇或二氧化碳的样品先低温加热除去乙醇或二氧化碳，加入 10 mL 硝酸和 0.5 mL 高氯酸，放数粒玻璃珠，在可调式电热炉上消解（参考条件：120 ℃/0.5～1 h，升至 180 ℃/2～4 h，升至 200～220 ℃）。若消化液呈棕褐色，再加少量硝酸，消解至冒白烟，消化液呈无色透明或略带黄色，赶酸至近干，停止消解，冷却后用水定容至 10 mL 或 25 mL，混匀备用。同时做试剂空白试验。也可采用锥形瓶，于可调式电热

板上，按上述操作方法进行湿法消解。

注：可根据实际情况调节加入的硝酸、高氯酸体积。

② 微波消解。称取固体试样 0.2～2 g（精确至 0.001 g）或准确移取液体试样 0.50～3.00 mL 于微波消解罐中，含乙醇或二氧化碳的样品先低温加热除去乙醇或二氧化碳，加入 5～10 mL 硝酸（可根据试样的称样量、性质，调整硝酸使用量），按照微波消解的操作步骤消解试样（参考消解条件：120 ℃保持 5 min，升至 160 ℃保持 10 min，升至 180 ℃保持 10 min）。冷却后取出消解罐，在电热板上于 140～160 ℃赶酸至近干。消解罐放冷后，将消化液转移至 10 mL 或 25 mL 容量瓶中，用少量水洗涤消解罐 2～3 次，合并洗涤液于容量瓶中并用水定容至刻度，混匀备用。同时做试剂空白试验。

③ 压力罐消解。称取固体试样 0.2～2 g（精确至 0.001 g）或准确移取液体试样 0.50～5.00 mL 于消解内罐中，含乙醇或二氧化碳的样品先低温加热除去乙醇或二氧化碳，加入 5～10 mL 硝酸（可根据试样的称样量、性质，调整硝酸使用量）。盖好内盖，旋紧不锈钢外套，放入恒温干燥箱，于 140～160 ℃下保持 4～5 h。冷却后缓慢旋松外罐，取出消解内罐，放在可调式电热板上于 140～160 ℃赶酸至近干。冷却后将消化液转移至 10 mL 或 25 mL 容量瓶中，用少量水洗涤内罐和内盖 2～3 次，合并洗涤液于容量瓶中并用水定容至刻度，混匀备用。同时做试剂空白试验。

（3）测定

① 仪器参考条件。

a）波长 283.3 nm，狭缝 0.5 nm，灯电流 8～12 mA，干燥温度 85～120 ℃，干燥时间 40～50 s。

b）灰化温度 750 ℃，灰化时间 20～30 s。

c）原子化温度 2 300 ℃，原子化时间 4～5 s。

② 标准曲线的制作。按质量浓度由低到高的顺序分别将 10 μL 铅标准系列溶液和 5 μL 磷酸二氢铵-硝酸钯溶液（可根据所使用的仪器确定最佳进样量、最佳基体改进剂，过固相萃取柱的样品可不加基体改进剂）同时注入石墨炉，原子化后测其吸光度值，以质量浓度为横坐标、吸光度值为纵坐标，制作标准曲线。

③ 试样溶液的测定。在与测定标准溶液相同的实验条件下，将 10 μL 空白溶液或试样溶液与 5 μL 磷酸二氢铵-硝酸钯溶液（可根据所使用的仪器确定最佳进样量，过固相萃取柱的样品可不加）同时注入石墨炉，原子化后测其吸

光度值，与标准系列比较定量。

5. 分析结果的表述 试样中铅的含量按公式（3-1）计算。

$$X = \frac{(\rho - \rho_0) \times V}{m \times 1000} \tag{3-1}$$

式中：

X ——试样中铅的含量，单位为毫克每千克（mg/kg）或毫克每升（mg/L）；

ρ ——试样溶液中铅的质量浓度，单位为微克每升（μg/L）；

ρ_0 ——空白溶液中铅的质量浓度，单位为微克每升（μg/L）；

V ——试样消化液的定容体积，单位为毫升（mL）；

m ——试样的称样量或移取体积，单位为克（g）或毫升（mL）；

1 000——换算系数。

当铅含量≥1.00 mg/kg（或 mg/L）时，计算结果保留 3 位有效数字；当铅含量<1.00 mg/kg（或 mg/L）时，计算结果保留 2 位有效数字。

6. 精密度 样品中铅含量大于 1 mg/kg 时，在重复性条件下获得的 2 次独立测定结果的绝对差值不得超过算术平均值的 10%；小于或等于 1 mg/kg 且大于 0.1 mg/kg 时，在重复性条件下获得的 2 次独立测定结果的绝对差值不得超过算术平均值的 15%；小于或等于 0.1 mg/kg 时，在重复性条件下获得的 2 次独立测定结果的绝对差值不得超过算术平均值的 20%。

7. 其他 当称样量为 0.5 g（或 0.5 mL），定容体积为 10 mL 时，方法的检出限为 0.02 mg/kg（或 0.02 mg/L），定量限为 0.04 mg/kg（或 0.04 mg/L）。

对于生乳、巴氏杀菌乳、灭菌乳、果蔬汁类及其饮料〔含浆果及小粒水果的果蔬汁类及其饮料、浓缩果蔬汁（浆）除外〕、液态婴幼儿配方食品等样品，当称样量为 2 g 或 2 mL、定容体积为 10 mL 时，方法的检出限为 0.005 mg/kg（或 0.005 mg/L），定量限为 0.01 mg/kg（或 0.01 mg/L）。

（二）火焰原子吸收光谱法

1. 原理 试样经处理后，铅离子在一定 pH 条件下与二乙基二硫代氨基甲酸钠（DDTC）形成络合物，经 4-甲基-2-戊酮（MIBK）萃取分离，导入原子吸收光谱仪中，经火焰原子化，在 283.3 nm 处测定的吸光度。在一定浓度范围内，铅的吸光度值与铅含量成正比，与标准系列比较定量。

2. 试剂与材料 除非另有说明，本方法所用试剂均为分析纯，水为 GB/T 6682 规定的二级水。

(1) 试剂。、

① 硝酸（HNO_3）：优级纯。

② 高氯酸（$HClO_4$）：优级纯。

③ 硫酸铵 [$(NH_4)_2SO_4$]。

④ 柠檬酸铵 [$C_6H_5O_7(NH_4)_3$]。

⑤ 溴百里酚蓝（$C_{27}H_{28}O_5SBr_2$）。

⑥ 二乙基二硫代氨基甲酸钠 [DDTC，$(C_2H_5)_2NCSSNa \cdot 3H_2O$]。

⑦ 氨水（$NH_3 \cdot H_2O$）：优级纯。

⑧ 4-甲基-2-戊酮（MIBK，$C_6H_{12}O$）。

⑨ 盐酸（HCl）：优级纯。

(2) 试剂配制。

① 硝酸溶液（5+95）：量取 50 mL 硝酸，缓慢加入 950 mL 水中，混匀。

② 硝酸溶液（1+9）：量取 50 mL 硝酸，缓慢加入 450 mL 水中，混匀。

③ 硫酸铵溶液（300 g/L）：称取 30 g 硫酸铵，用水溶解并稀释至 100 mL，混匀。

④ 柠檬酸铵溶液（250 g/L）：称取 25 g 柠檬酸铵，用水溶解并稀释至 100 mL，混匀。

⑤ 溴百里酚蓝水溶液（1 g/L）：称取 0.1 g 溴百里酚蓝，用水溶解并稀释至 100 mL，混匀。

⑥ DDTC 溶液（50 g/L）：称取 5 g DDTC，用水溶解并稀释至 100 mL，混匀。

⑦ 氨水溶液（1+1）：吸取 100 mL 氨水，加入 100 mL 水，混匀。

⑧ 盐酸溶液（1+11）：吸取 10 mL 盐酸，加入 110 mL 水，混匀。

(3) 标准品。硝酸铅 [$Pb(NO_3)_2$，CAS 号：10099-74-8]：纯度＞99.99%，或经国家认证并授予标准物质证书的铅标准溶液。

(4) 标准溶液配制。

① 铅标准储备液（1 000 mg/L）：准确称取 1.598 5 g（精确至 0.000 1 g）硝酸铅，用少量硝酸溶液（1+9）溶解，移入 1 000 mL 容量瓶，加水至刻度，混匀。

② 铅标准使用液（10.0 mg/L）：准确吸取铅标准储备液（1 000 mg/L）1.00 mL 于 100 mL 容量瓶中，加硝酸溶液（5+95）至刻度，混匀。

3. 仪器和设备

注：所有玻璃器皿均需硝酸溶液（1+5）或硝酸溶液（1+4）浸泡过夜，

用自来水反复冲洗，最后用水冲洗干净，并晾干。

（1）原子吸收光谱仪：配火焰原子化器，附铅空心阴极灯。

（2）分析天平：感量分别为 0.1 mg 和 1 mg。

（3）可调式电热炉、可调式电热板。

4. 分析步骤

（1）试样制备。同方法一。

（2）试样前处理。同方法一。

（3）测定。

① 仪器参考条件。波长 283.3 nm，狭缝 0.5 nm，灯电流 8～12 mA，燃烧头高度 6 nm，空气流量 8 L/min。

② 标准曲线的制作。分别吸取铅标准使用液 0 mL、0.250 mL、0.500 mL、1.00 mL、1.50 mL 和 2.00 mL（相当于 0 μg、2.50 μg、5.00 μg、10.0 μg、15.0 μg 和 20.0 μg 铅）于 125 mL 分液漏斗中，补加水至 60 mL。加 2 mL 柠檬酸铵溶液（250 g/L）、溴百里酚蓝水溶液（1 g/L）3～5 滴，用氨水溶液（1＋1）调 pH 至溶液由黄变蓝，加硫酸铵溶液（300 g/L）10 mL，DDTC 溶液（50 g/L）10 mL，摇匀。放置 5 min 左右，加入 10 mL MIBK，剧烈振摇提取 1 min，静置分层后，弃去水层，将 MIBK 层放入 10 mL 带塞刻度管中，得到标准系列溶液。

将标准系列溶液按质量由低到高的顺序分别导入火焰原子化器，原子化后测其吸光度值，以铅的质量为横坐标、吸光度值为纵坐标，制作标准曲线。

③ 试样溶液的测定。将试样消化液及试剂空白溶液分别置于 125 mL 分液漏斗中，补加水至 60 mL。加 2 mL 柠檬酸铵溶液（250 g/L）、溴百里酚蓝水溶液（1 g/L）3～5 滴，用氨水溶液（1＋1）调 pH 至溶液由黄变蓝，加硫酸铵溶液（300 g/L）10 mL，DDTC 溶液（50 g/L）10 mL，摇匀。放置 5 min 左右，加入 10 mL MIBK，剧烈振摇提取 1 min，静置分层后，弃去水层，将 MIBK 层放入 10 mL 带塞刻度管中，得到试样溶液和空白溶液。

将试样溶液和空白溶液分别导入火焰原子化器，原子化后测其吸光度值，与标准系列比较定量。

5. 分析结果的表述　试样中铅的含量按公式（3-2）计算。

$$X = \frac{m_1 - m_0}{m_2} \qquad (3-2)$$

式中：

X ——试样中铅的含量，单位为毫克每千克（mg/kg）或毫克每升（mg/L）；

m_1——试样溶液中铅的质量，单位为微克（μg）；

m_0——空白溶液中铅的质量，单位为微克（μg）；

m_2——试样的称样量或移取体积，单位为克（g）或毫升（mL）。

当铅含量≥10.0 mg/kg（或 mg/L）时，计算结果保留 3 位有效数字；当铅含量<10.0 mg/kg（或 mg/L）时，计算结果保留 2 位有效数字。

6. 精密度　在重复性条件下获得的 2 次独立测定结果的绝对差值不得超过算术平均值的 10%。

7. 其他　当称样量为 0.5 g（或 0.5 mL）时，方法的检出限为 0.4 mg/kg（或 0.4 mg/L），定量限为 1.2 mg/kg（或 1.2 mg/L）。

二、食品中镉的测定

本方法摘自 GB 5009.15—2023。

1. 原理　试样消解处理后，经石墨炉原子化，在 228.8 nm 处测定吸光度，在一定浓度范围内，镉的吸光度值与镉含量成正比，与标准系列溶液比较定量。

2. 试剂和材料　除非另有说明，本方法所用试剂均为分析纯，水为GB/T 6682 规定的二级水。

（1）试剂。

① 硝酸（HNO_3）。

② 高氯酸（$HClO_4$）。

③ 磷酸二氢铵（$NH_4H_2PO_4$）。

④ 硝酸钯［$Pd(NO_3)_2$］。

（2）试剂配制。

① 硝酸溶液（5＋95）：量取 50 mL 硝酸，缓慢加入 950 mL 水中，混匀。

② 硝酸溶液（1＋9）：量取 50 mL 硝酸，缓慢加入 450 mL 水中，混匀。

③ 磷酸二氢铵-硝酸钯混合溶液：称取 0.02 g 硝酸钯，加少量硝酸溶液（1＋9）溶解后，再加入 2 g 磷酸二氢铵，溶解后用硝酸溶液（5＋95）定容至100 mL，混匀。

（3）标准品。氯化镉（$CdCl_2 \cdot 2.5H_2O$，CAS 号：7790-78-5）：纯度>99.99%，或经国家认证并授予标准物质证书的标准品。

（4）标准溶液配制。

① 镉标准储备液（100 mg/L）：准确称取氯化镉 0.203 2 g，用少量硝酸溶液（1＋9）溶解，移入 1 000 mL 容量瓶中，加水至刻度，混匀。此溶液镉

的质量浓度为 100 mg/L。

② 镉标准中间液（100 μg/L）：准确吸取镉标准储备液（100 mg/L）1.00 mL 于 10 mL 容量瓶中，加硝酸溶液（5＋95）至刻度，混匀。再准确吸取上述溶液 1.00 mL 于 100 mL 容量瓶中，加硝酸溶液（5＋95）至刻度，混匀。此溶液镉的质量浓度为 100 μg/L。

③ 镉标准系列工作溶液：分别准确吸取镉标准中间液（100 μg/L）0 mL、0.200 mL、0.500 mL、1.00 mL、2.00 mL、4.00 mL 于 100 mL 容量瓶中，加硝酸溶液（5＋95）至刻度，混匀。此系列溶液镉的质量浓度分别为 0 μg/L、0.200 μg/L、0.500 μg/L、1.00 μg/L、2.00 μg/L、4.00 μg/L。临用现配。

注：可根据仪器的灵敏度及样品中镉的实际含量确定标准系列溶液中镉的质量浓度。

3. 仪器和设备

注：所有玻璃器皿及聚四氟乙烯消解内罐均需硝酸溶液（1＋9）浸泡过夜，用自来水反复冲洗，最后用水冲洗干净。

（1）原子吸收光谱仪，配石墨炉原子化器，附镉空心阴极灯。

（2）电子天平：感量分别为 0.1 mg 和 1 mg。

（3）可调式电热板、可调式电热炉。

（4）微波消解系统：配聚四氟乙烯消解内罐。

（5）压力消解罐：配聚四氟乙烯消解内罐。

（6）恒温干燥箱。

（7）样品粉碎设备：匀浆机、高速粉碎机。

4. 分析步骤

（1）试样制备。

① 固体干样：豆类、谷物、菌类、茶叶、干制水果、烘焙食品等低含水量样品，取可食部分。必要时，经高速粉碎机粉碎均匀。固体乳制品、蛋白粉、面粉等呈均匀状的粉状样品，摇匀。

② 固态鲜样：蔬菜、水果、水产品等高含水量样品，必要时洗净，晾干，取可食部分匀浆均匀。

③ 速冻及罐头食品：经解冻的速冻食品及罐头样品，取可食部分匀浆均匀。

④ 液态样品：软饮料、调味品等样品摇匀。

⑤ 半固态样品：搅拌均匀。

（2）试样前处理。

① 湿式消解法：固体试样称取 0.2～3 g（精确至 0.001 g）、液体试样准

确移取或称取 0.500～5.00 mL（g）（精确至 0.001 g）于带刻度消化管中，含乙醇或二氧化碳的样品先低温加热除去乙醇或二氧化碳，加入 10 mL 硝酸和 0.5 mL 高氯酸，在可调式电热炉上消解（参考条件：120 ℃保持 0.5～1 h，升至 180 ℃保持 2～4 h，升至 200～220 ℃）。若消化液呈棕褐色，冷却后，再加少量硝酸，消解至冒白烟，消化液呈无色透明或略带微黄色，赶酸至 1 mL 左右后取出消化管，冷却后用水定容至 10 mL 或 25 mL，混匀备用。同时做空白试验。也可采用锥形瓶，于可调式电热板上，按上述操作方法进行湿式消解。

② 微波消解法：固体试样称取 0.2～0.5 g（精确至 0.001 g，含水分较多的样品可适当增加取样量至 1 g）、液体试样准确移取或称取 0.500～3.00 mL（g）（精确至 0.001 g）于微波消解罐中，含乙醇或二氧化碳的样品先低温加热除去乙醇或二氧化碳，加入 5～10 mL 硝酸，按照微波消解的操作步骤消解试样（参考消解条件：120 ℃保持 5 min，升至 160 ℃保持 10 min，升至 180 ℃保持 10 min）。必要时，在加酸后加盖放置 1 h 或过夜后再按照微波消解的操作步骤消解试样。冷却后取出消解罐，于 140～160 ℃赶酸至 1 mL 左右，消解罐放冷后，将消化液转移至 10 mL 或 25 mL 容量瓶中，用少量水洗涤消解罐 2～3 次，合并洗涤液于容量瓶中并用水定容至刻度，混匀备用。同时做空白试验。

③ 压力罐消解法：固体试样称取 0.2～1 g（精确至 0.001 g，含水分较多的样品可适当增加取样量至 2 g）、液体试样准确移取或称取 0.500～5.00 mL（g）（精确至 0.001 g）于消解内罐中，含乙醇或二氧化碳的样品先低温加热除去乙醇或二氧化碳，加入 5～10 mL 硝酸，盖好内盖，旋紧不锈钢外套，放入恒温干燥箱，于 140～160 ℃保持 4～5 h，必要时，在加酸后加盖放置 1 h 或过夜后再旋紧不锈钢外套，放入恒温干燥箱消解试样。冷却后缓慢旋松不锈钢外套，取出消解内罐，于 140～160 ℃赶酸至 1 mL 左右。冷却后将消化液转移至 10 mL 或 25 mL 容量瓶中，用少量水洗涤内罐和内盖 2～3 次，合并洗涤液于容量瓶中并用水定容至刻度，混匀备用。同时做空白试验。

（3）仪器参考条件。

① 波长 228.8 nm，狭缝 0.8 nm，灯电流 5～7 mA，干燥温度 85～120 ℃，干燥时间 30～50 s。

② 灰化温度 450～650 ℃，灰化时间 15～30 s。

③ 原子化温度 1 500～2 000 ℃，原子化时间 4～5 s。

（4）标准曲线的制作。按质量浓度由低到高的顺序分别取 10 μL 标准系列溶液、5 μL 磷酸二氢铵-硝酸钯混合溶液（可根据使用仪器选择最佳进样量），同时注入石墨管，原子化后测其吸光度值，以质量浓度为横坐标、吸光度值为纵坐标，绘制标准曲线。

（5）试样溶液的测定。在测定标准曲线相同的试验条件下，吸取 10 μL 空白溶液或试样消化液、5 μL 磷酸二氢铵-硝酸钯混合溶液（可根据使用仪器选择最佳进样量），同时注入石墨管，原子化后测其吸光度值。根据标准曲线得到待测液中镉的质量浓度。若测定结果超出标准曲线范围，用硝酸溶液（5＋95）稀释后测定。

5. 分析结果的表述　试样中镉含量按公式（3-3）进行计算。

$$X = \frac{(\rho_1 - \rho_0) \times f \times V}{m \times 1000} \qquad (3-3)$$

式中：

X　——试样中镉的含量，单位为毫克每千克（mg/kg）或毫克每升（mg/L）；

ρ_1　——试样消化液中镉的质量浓度，单位为微克每升（μg/L）；

ρ_0　——空白液中镉的质量浓度，单位为微克每升（μg/L）；

f　——稀释倍数；

V　——试样消化液的定容体积，单位为毫升（mL）；

m　——试样的质量或体积，单位为克（g）或毫升（mL）；

1 000——换算系数。

当镉含量≥0.1 mg/kg（mg/L）时，计算结果保留 3 位有效数字；当镉含量＜0.1 mg/kg（mg/L）时，计算结果保留 2 位有效数字。

6. 精密度　试样中镉含量＞1 mg/kg（mg/L）时，在重复性条件下获得的 2 次独立测定结果的绝对差值不得超过算术平均值的 10%；0.1 mg/kg（mg/L）＜试样中镉含量≤1 mg/kg（mg/L），在重复性条件下获得的 2 次独立测定结果的绝对差值不得超过算术平均值的 15%；试样中镉含量≤0.1 mg/kg（mg/L），在重复性条件下获得的 2 次独立测定结果的绝对差值不得超过算术平均值的 20%。

7. 其他　当取样量为 0.5 g 或 2 mL、定容体积为 10 mL 时，本方法检出限为 0.002 mg/kg 或 0.000 5 mg/kg，定量限为 0.004 mg/kg 或 0.001 mg/kg。

三、食品中铬的测定

本方法摘自 GB 5009.123—2023。

1. 原理　试样消解处理后，经石墨炉原子化，在 357.9 nm 处测定吸光度。在一定浓度范围内，铬的吸光度值与铬含量成正比，与标准系列比较定量。

2. 试剂和材料 除非另有说明，本方法所用试剂均为优级纯，水为GB/T 6682 规定的二级水。

（1）试剂。

① 硝酸（HNO_3）。

② 高氯酸（$HClO_4$）。

③ 磷酸二氢铵（$NH_4H_2PO_4$）。

（2）试剂配制。

① 硝酸溶液（5+95）：量取 50 mL 硝酸，缓慢加入 950 mL 水中，混匀。

② 硝酸溶液（1+1）：量取 50 mL 硝酸，缓慢加入 50 mL 水中，混匀。

③ 磷酸二氢铵溶液（20 g/L）：称取 2 g 磷酸二氢铵，加少量硝酸溶液（5+95）溶解，然后用硝酸溶液（5+95）定容至 100 mL，混匀。

（3）标准品。重铬酸钾（$K_2Cr_2O_7$，CAS 号：7778-50-9）：纯度＞99.99%，或经国家认证并授予标准物质证书的标准品。

（4）标准溶液配制。

① 铬标准储备溶液（1 000 mg/L）：准确称取重铬酸钾（110 ℃，烘 2 h）0.282 9 g，溶于水中，移入 100 mL 容量瓶中，用硝酸溶液（5+95）稀释至刻度，混匀。此溶液铬的质量浓度为 1 000 mg/L。

② 铬标准中间液（1 000 μg/L）：准确吸取铬标准储备溶液（1 000 mg/L）1.00 mL 于 10 mL 容量瓶中，加硝酸溶液（5+95）至刻度，混匀。再准确吸取上述溶液 1.00 mL 于 100 mL 容量瓶中，加硝酸溶液（5+95）至刻度，混匀。此溶液铬的质量浓度为 1 000 μg/L。

③ 铬标准系列溶液：分别准确吸取铬标准中间液 0 mL、0.150 mL、0.400 mL、0.800 mL、1.20 mL 和 1.60 mL 于 100 mL 容量瓶中，加硝酸溶液（5+95）至刻度，混匀。此系列溶液铬的质量浓度分别为 0 μg/L、1.50 μg/L、4.00 μg/L、8.00 μg/L、12.0 μg/L、16.0 μg/L。临用现配。

3. 仪器和设备

注：所用玻璃器皿及聚四氟乙烯消解内罐均需硝酸溶液（1+5）浸泡过夜，用自来水反复冲洗，最后用水冲洗干净。

（1）原子吸收光谱仪：配石墨炉原子化器，附铬空心阴极灯。

（2）电子天平：感量分别为 0.1 mg 和 1 mg。

（3）可调式电热板或可调式电热炉。

（4）微波消解系统：配聚四氟乙烯消解内罐。

（5）压力消解罐：配聚四氟乙烯消解内罐。

（6）恒温干燥箱。

（7）马弗炉。

（8）样品粉碎设备：匀浆机、高速粉碎机。

4. 分析步骤

（1）试样制备。

① 固体干样：豆类、谷物、菌类、茶叶、干制水果、烘焙食品等低含水量样品，取可食部分。必要时，经高速粉碎机粉碎均匀。固体乳制品、蛋白粉、面粉等呈均匀状的粉状样品，摇匀。

② 固态鲜样：蔬菜、水果、水产品等高含水量样品，必要时洗净，晾干，取可食部分匀浆均匀。

③ 速冻及罐头食品：经解冻的速冻食品及罐头样品，取可食部分匀浆均匀。

④ 液态样品：软饮料、调味品等样品摇匀。

⑤ 半固态样品：搅拌均匀。

（2）试样前处理。

① 湿式消解法：固体试样称取 0.2～3 g（精确至 0.001 g）、液体试样准确移取或称取 0.500～5.00 mL（g）（精确至 0.001 g）于带刻度消化管中，含乙醇或二氧化碳的样品先低温加热除去乙醇或二氧化碳，加入 10 mL 硝酸和 0.5 mL 高氯酸，在可调式电热炉上消解（参考条件：120 ℃保持 0.5～1 h，升至 180 ℃保持 2～4 h，升至 200～220 ℃）。若消化液呈棕褐色，冷却后，再加少量硝酸，消解至冒白烟，消化液呈无色透明或略带微黄色，赶酸至 0.5 mL 左右后取出消化管，冷却后用水定容至 10 mL 或 25 mL，混匀备用。同时做空白试验。也可采用锥形瓶，于可调式电热板上，按上述操作方法进行湿式消解。

② 微波消解法：固体试样称取 0.2～0.5 g（精确至 0.001 g，含水分较多的样品可适当增加取样量至 1 g）、液体试样准确移取或称取 0.500～3.00 mL（g）（精确至 0.001 g）于微波消解罐中，含乙醇或二氧化碳的样品先低温加热除去乙醇或二氧化碳，加入 5～10 mL 硝酸，按照微波消解的操作步骤消解试样（参考消解条件：120 ℃保持 5 min，升至 160 ℃保持 10 min，升至 180 ℃保持 10 min）。必要时，在加酸后加盖放置 1 h 或过夜后再按照微波消解的操作步骤消解试样。冷却后取出消解罐，于 140～160 ℃赶酸至 1 mL 左右，消解

罐放冷后，将消化液转移至 10 mL 或 25 mL 容量瓶中，用少量水洗涤消解罐 2～3 次，合并洗涤液于容量瓶中并用水定容至刻度，混匀备用。同时做空白试验。

③ 压力罐消解法：固体试样称取 0.2～1 g（精确至 0.001 g，含水分较多的样品可适当增加取样量至 2 g）、液体试样准确移取或称取 0.500～5.00 mL（g）（精确至 0.001 g）于消解内罐中，含乙醇或二氧化碳的样品先低温加热除去乙醇或二氧化碳，加入 5～10 mL 硝酸，盖好内盖，旋紧不锈钢外套，放入恒温干燥箱，于 140～160 ℃保持 4～5 h，必要时，在加酸后加盖放置 1 h 或过夜后再旋紧不锈钢外套，放入恒温干燥箱消解试样。冷却后缓慢旋松不锈钢外套，取出消解内罐，于 140～160 ℃赶酸至 1 mL 左右。冷却后将消化液转移至 10 mL 或 25 mL 容量瓶中，用少量水洗涤内罐和内盖 2～3 次，合并洗涤液于容量瓶中并用水定容至刻度，混匀备用。同时做空白试验。

（3）仪器参考条件。波长 357.9 nm，狭缝 0.2 nm，灯电流 5～7 mA，干燥温度 85～120 ℃，干燥时间 30～50 s，灰化温度 800～1 200 ℃，灰化时间 15～30 s；原子化温度 2 500～2 750 ℃，原子化时间 4～5 s。

（4）标准曲线的制作。按质量浓度由低到高的顺序，分别取 10 μL 标准系列溶液、5 μL 磷酸二氢铵溶液（可根据使用仪器选择最佳进样量），同时注入石墨管，原子化后测其吸光度值，以质量浓度为横坐标、吸光度值为纵坐标，绘制标准曲线。

注：磷酸二氢铵溶液作为基体改进剂，可根据使用仪器及样品基质选择添加。

（5）试样溶液的测定。在测定标准曲线相同的实验条件下，吸取 10 μL 空白溶液或试样消化液、5 μL 磷酸二氢铵溶液（可根据使用仪器选择最佳进样量），同时注入石墨管，原子化后测其吸光度值。根据标准曲线得到待测液中铬的质量浓度。若测定结果超出标准曲线范围，用硝酸溶液（5＋95）稀释后测定。

5. 分析结果的表述　试样中铬含量按公式（3-4）进行计算。

$$X = \frac{(\rho - \rho_0) \times f \times V}{m \times 1000} \qquad (3-4)$$

式中：

X　——试样中铬的含量，单位为毫克每千克（mg/kg）或毫克每升（mg/L）；

ρ　——试样消化液中铬的质量浓度，单位为微克每升（μg/L）；

ρ_0 ——空白液中铬的质量浓度，单位为微克每升（$\mu g/L$）；

f ——稀释倍数；

V ——试样消化液的定容体积，单位为毫升（mL）；

m ——试样质量或体积，单位为克（g）或毫升（mL）；

1 000——换算系数。

当铬含量≥1 mg/kg（mg/L）时，计算结果保留 3 位有效数字；当铬含量＜1 mg/kg（mg/L）时，计算结果保留 2 位有效数字。

6. 精密度 试样中铬含量＞1 mg/kg（mg/L）时，在重复性条件下获得的 2 次独立测定结果的绝对差值不得超过算术平均值的 10%；0.1 mg/kg（mg/L）＜试样中铬含量≤1 mg/kg（mg/L），在重复性条件下获得的 2 次独立测定结果的绝对差值不得超过算术平均值的 15%；试样中铬含量≤0.1 mg/kg（mg/L），在重复性条件下获得的 2 次独立测定结果的绝对差值不得超过算术平均值的 20%。

7. 其他 当取样量为 0.5 g 或 2 mL、定容体积为 10 mL 时，本方法检出限为 0.01 mg/kg 或 0.003 mg/kg，定量限为 0.03 mg/kg 或 0.008 mg/kg。

第三节 原子荧光法

一、食品中总砷的测定 氢化物发生原子荧光光谱法

本方法摘自 GB 5009.11—2014。

1. 原理 食品试样经湿法消解或干灰化法处理后，加入硫脲使五价砷预还原为三价砷，再加入硼氢化钠或硼氢化钾使还原生成砷化氢，由氩气载入石英原子化器中分解为原子态砷，在高强度砷空心阴极灯的发射光激发下产生原子荧光，其荧光强度在固定条件下与被测液中的砷浓度成正比，与标准系列比较定量。

2. 试剂和材料 除非另有说明，本方法所用试剂均为优级纯，水为GB/T 6682 规定的一级水。

（1）试剂。

① 氢氧化钠（NaOH）。

② 氢氧化钾（KOH）。

③ 硼氢化钾（KBH_4）：分析纯。

④ 硫脲（$CH_4N_2O_2S$）：分析纯。

⑤ 盐酸（HCl）。

⑥ 硝酸（HNO_3）。

⑦ 硫酸（H_2SO_4）。

⑧ 高氯酸（$HClO_4$）。

⑨ 硝酸镁［$Mg(NO_3)_2 \cdot 6H_2O$］：分析纯。

⑩ 氧化镁（MgO）：分析纯。

⑪ 抗坏血酸（$C_6H_8O_6$）。

（2）试剂配制。

① 氢氧化钾溶液（5 g/L）：称取 5.0 g 氢氧化钾，溶于水并稀释至 1 000 mL。

② 硼氢化钾溶液（20 g/L）：称取硼氢化钾 20.0 g，溶于 1 000 mL 5 g/L 氢氧化钾溶液中，混匀。

③ 硫脲＋抗坏血酸溶液：称取 10.0 g 硫脲，加约 80 mL 水，加热溶解，待冷却后加入 10.0 g 抗坏血酸，稀释至 100 mL。现用现配。

④ 氢氧化钠溶液（100 g/L）：称取 10.0 g 氢氧化钠，溶于水并稀释至 100 mL。

⑤ 硝酸镁溶液（150 g/L）：称取 15.0 g 硝酸镁，溶于水并稀释至 100 mL。

⑥ 盐酸溶液（1＋1）：量取 100 mL 盐酸，缓缓倒入 100 mL 水中，混匀。

⑦ 硫酸溶液（1＋9）：量取硫酸 100 mL，缓缓倒入 900 mL 水中，混匀。

⑧ 硝酸溶液（2＋98）：量取硝酸 20 mL，缓缓倒入 980 mL 水中，混匀。

（3）标准品。三氧化二砷（As_2O_3）标准品：纯度≥99.5%。

（4）标准溶液配制。

① 砷标准储备液（100 mg/L，按 As 计）：准确称取于 100 ℃ 干燥 2 h 的三氧化二砷 0.013 2 g，加 100 g/L 氢氧化钠溶液 1 mL 和少量水溶解，转入 100 mL 容量瓶中，加入适量盐酸调整其酸度近中性，加水稀释至刻度。4 ℃ 避光保存，保存期 1 年。或购买经国家认证并授予标准物质证书的标准溶液物质。

② 砷标准使用液（1.00 mg/L，按 As 计）：准确吸取 1.00 mL 砷标准储备液（100 mg/L）于 100 mL 容量瓶中，用硝酸溶液（2＋98）稀释至刻度。现用现配。

3. 仪器和设备

注：玻璃器皿及聚四氟乙烯消解内罐均需以硝酸溶液（1＋4）浸泡 24 h，用水反复冲洗，最后用去离子水冲洗干净。

（1）原子荧光光谱仪。

（2）天平：感量分别为 0.1 mg 和 1 mg。

（3）组织匀浆器。

（4）高速粉碎机。

（5）控温电热板：50～200 ℃。

（6）马弗炉。

4. 分析步骤

（1）试样预处理。

① 在采样和制备过程中，应注意不使试样污染。

② 粮食、豆类等样品去杂物后粉碎均匀，装入洁净聚乙烯瓶中，密封保存备用。

③ 蔬菜、水果、鱼类、肉类及蛋类等新鲜样品，洗净晾干，取可食部分匀浆，装入洁净聚乙烯瓶中，密封，于 4 ℃冰箱冷藏备用。

（2）试样消解。

① 湿法消解。固体试样称取 1.0～2.5 g、液体试样称取 5.0～10.0 g（或 mL）（精确至 0.001 g），置于 50～100 mL 锥形瓶中，同时做 2 份试剂空白。加硝酸 20 mL、高氯酸 4 mL、硫酸 1.25 mL，放置过夜。翌日置于电热板上加热消解。若消解液处理至 1 mL 左右时，仍有未分解物质或色泽变深，取下放冷，补加硝酸 5～10 mL，再消解至 2 mL 左右，如此反复两三次，注意避免炭化。继续加热至消解完全后，再持续蒸发至高氯酸的白烟散尽，硫酸的白烟开始冒出。冷却，加水 25 mL，再蒸发至冒硫酸白烟。冷却，用水将内溶物转入 25 mL 容量瓶或比色管中，加入硫脲＋抗坏血酸溶液 2 mL，补加水至刻度，混匀，放置 30 min，待测。按同一操作方法作空白试验。

② 干灰化法。固体试样称取 1.0～2.5 g，液体试样取 4.00 mL（g）（精确至 0.001 g），置于 50～100 mL 坩埚中，同时做 2 份试剂空白。加 150 g/L 硝酸镁 10 mL 混匀，低热蒸干，将 1 g 氧化镁覆盖在干渣上，于电热炉上炭化至无黑烟，移入 550 ℃马弗炉灰化 4 h。取出放冷，小心加入盐酸溶液（1＋1）10 mL 以中和氧化镁并溶解灰分，转入 25 mL 容量瓶或比色管，向容量瓶或比色管中加入硫脲＋抗坏血酸溶液 2 mL，另用硫酸溶液（1＋9）分次洗涤坩埚后合并洗涤液至 25 mL 刻度，混匀，放置 30 min，待测。按同一操作方法作空白试验。

（3）仪器参考条件。负高压：260 V；砷空心阴极灯电流：50～80 mA；载气：氩气；载气流速：500 mL/min；屏蔽气流速：800 mL/min；测量方式：荧光强度；读数方式：峰面积。

（4）标准曲线制作。取 25 mL 容量瓶或比色管 6 支，依次准确加入 1.00 μg/mL 砷标准使用液 0 mL、0.10 mL、0.25 mL、0.50 mL、1.5 mL 和 3.0 mL（分

别相当于砷浓度 0 ng/mL、4.0 ng/mL、10 ng/mL、20 ng/mL、60 ng/mL、120 ng/mL），各加硫酸溶液（1+9）12.5 mL，硫脲＋抗坏血酸溶液 2 mL，补加水至刻度，混匀后放置 30 min 后测定。

仪器预热稳定后，将试剂空白、标准系列溶液依次引入仪器进行原子荧光强度的测定。以原子荧光强度为纵坐标、砷浓度为横坐标，绘制标准曲线，得到回归方程。

（5）试样溶液的测定。相同条件下，将样品溶液分别引入仪器进行测定。根据回归方程计算出样品中砷元素的浓度。

5. 分析结果的表述 试样中总砷含量按公式（3-5）计算。

$$X = \frac{(c - c_0) \times V \times 1000}{m \times 1000 \times 1000} \tag{3-5}$$

式中：

X ——试样中砷的含量，单位为毫克每千克（mg/kg）或毫克每升（mg/L）；

c ——试样被测液中砷的测定浓度，单位为纳克每毫升（ng/mL）；

c_0 ——试样空白消化液中砷的测定浓度，单位为纳克每毫升（ng/mL）；

V ——试样消化液总的体积，单位为毫升（mL）；

m ——试样的质量，单位为克（g）或毫升（mL）；

1 000——换算系数。

计算结果保留 2 位有效数字。

6. 精密度 在重复性条件下获得的 2 次独立测定结果的绝对差值不得超过算术平均值的 20%。

7. 检出限 称样量为 1 g、定容体积为 25 mL 时，方法检出限为 0.010 mg/kg，方法定量限为 0.040 mg/kg。

二、食品中无机砷的测定 液相色谱-原子荧光光谱法（LC-AFS）法

本方法摘自 GB 5009.11—2014。

1. 原理 食品中无机砷经稀硝酸提取后，以液相色谱进行分离，分离后的目标化合物在酸性环境下与 KBH_4 反应，生成气态砷化合物，以原子荧光光谱仪进行测定。按保留时间定性，外标法定量。

2. 试剂和材料 除非另有说明，本方法所用试剂均为优级纯，水为GB/T 6682 规定的一级水。

（1）试剂。

① 磷酸二氢铵（$NH_4H_2PO_4$）：分析纯。

② 硼氢化钾（KBH_4）：分析纯。

③ 氢氧化钾（KOH）。

④ 硝酸（HNO_3）。

⑤ 盐酸（HCl）。

⑥ 氨水（$NH_3 \cdot H_2O$）。

⑦ 正己烷 $[CH_3(CH_2)_4CH_3]$。

（2）试剂配制。

① 盐酸溶液 [20%（体积分数）]：量取 200 mL 盐酸，溶于水并稀释至 1 000 mL。

② 硝酸溶液（0.15 mol/L）：量取 10 mL 硝酸，溶于水并稀释至 1 000 mL。

③ 氢氧化钾溶液（100 g/L）：称取 10 g 氢氧化钾，溶于水并稀释至 100 mL。

④ 氢氧化钾溶液（5 g/L）：称取 5 g 氢氧化钾，溶于水并稀释至 1 000 mL。

⑤ 硼氢化钾溶液（30 g/L）：称取 30 g 硼氢化钾，用 5 g/L 氢氧化钾溶液溶解并定容至 1 000 mL。现用现配。

⑥ 磷酸二氢铵溶液（20 mmol/L）：称取 2.3 g 磷酸二氢铵，溶于 1 000 mL 水中，以氨水调节 pH 至 8.0，经 0.45 μm 水系滤膜过滤后，于超声水浴中超声脱气 30 min，备用。

⑦ 磷酸二氢铵溶液（1 mmol/L）：量取 20 mmol/L 磷酸二氢铵溶液 50 mL，水稀释至 1 000 mL，以氨水调 pH 至 9.0，经 0.45 μm 水系滤膜过滤后，于超声水浴中超声脱气 30 min，备用。

⑧ 磷酸二氢铵溶液（15 mmol/L）：称取 1.7 g 磷酸二氢铵，溶于 1 000 mL 水中，以氨水调节 pH 至 6.0，经 0.45 μm 水系滤膜过滤后，于超声水浴中超声脱气 30 min，备用。

（3）标准品。

① 三氧化二砷（As_2O_3）标准品：纯度≥99.5%。

② 砷酸二氢钾（KH_2AsO_4）标准品：纯度≥99.5%。

（4）标准溶液配制。

① 亚砷酸盐 [As（Ⅲ）] 标准储备液（100 mg/L，按 As 计）：准确称取三氧化二砷 0.013 2 g，加 100 g/L 氢氧化钾溶液 1 mL 和少量水溶解，转入 100 mL 容量瓶中，加入适量盐酸调整其酸度近中性，加水稀释至刻度。4 ℃ 保存，保存期 1 年。或购买经国家认证并授予标准物质证书的标准溶液物质。

② 砷酸盐 ［As（Ⅴ）］标准储备液（100 mg/L，按 As 计）：准确称取砷酸二氢钾 0.024 0 g，水溶解，转入 100 mL 容量瓶中并用水稀释至刻度。4 ℃ 保存，保存期 1 年。或购买经国家认证并授予标准物质证书的标准溶液物质。

③ As（Ⅲ）、As（Ⅴ）混合标准使用液（1.00 mg/L，按 As 计）：分别准确吸取 1.0 mL As（Ⅲ）标准储备液（100 mg/L）、1.0 mL As（Ⅴ）标准储备液（100 mg/L）于 100 mL 容量瓶中，加水稀释并定容至刻度。现用现配。

3. 仪器和设备

注： 所用玻璃器皿均需以硝酸溶液（1＋4）浸泡 24 h，用水反复冲洗，最后用去离子水冲洗干净。

（1）液相色谱-原子荧光光谱联用仪（LC‐AFS）：由液相色谱仪（包括液相色谱泵和手动进样阀）与原子荧光光谱仪组成。

（2）组织匀浆器。

（3）高速粉碎机。

（4）冷冻干燥机。

（5）离心机：转速≥8 000 r/min。

（6）pH 计：精度为 0.01。

（7）天平：感量分别为 0.1 mg 和 1 mg。

（8）恒温干燥箱（50～300 ℃）。

（9）C_{18} 净化小柱或等效柱。

4. 分析步骤

（1）试样预处理。

① 在采样和制备过程中，应注意不使试样污染。

② 粮食、豆类等样品去杂物后粉碎均匀，装入洁净聚乙烯瓶中，密封保存备用。

③ 蔬菜、水果、鱼类、肉类及蛋类等新鲜样品，洗净晾干，取可食部分匀浆，装入洁净聚乙烯瓶中，密封，于 4 ℃ 冰箱冷藏备用。

（2）试样提取。

① 稻米样品。称取约 1.0 g 稻米试样（准确至 0.001 g）于 50 mL 塑料离心管中，加入 20 mL 0.15 mol/L 硝酸溶液，放置过夜。于 90 ℃ 恒温箱中热浸提 2.5 h，每 0.5 h 振摇 1 min。提取完毕，取出冷却至室温，8 000 r/min 离心 15 min，取上层清液，经 0.45 μm 有机滤膜过滤后进样测定。按同一操作方法作空白试验。

② 水产动物样品。称取约 1.0 g 水产动物湿样（准确至 0.001 g），置于

50 mL 塑料离心管中，加入 20 mL 0.15 mol/L 硝酸溶液，放置过夜。于 90 ℃ 恒温箱中热浸提 2.5 h，每 0.5 h 振摇 1 min。提取完毕，取出冷却至室温，8 000 r/min 离心 15 min。取 5 mL 上清液置于离心管中，加入 5 mL 正己烷，振摇 1 min 后，8 000 r/min 离心 15 min，弃去上层正己烷。按此过程重复一次。吸取下层清液，经 0.45 μm 有机滤膜过滤及 C_{18} 小柱净化后进样。按同一操作方法作空白试验。

③ 婴幼儿辅助食品样品。称取婴幼儿辅助食品约 1.0 g（准确至 0.001 g）于 15 mL 塑料离心管中，加入 10 mL 0.15 mol/L 硝酸溶液，放置过夜。于 90 ℃ 恒温箱中热浸提 2.5 h，每 0.5 h 振摇 1 min，提取完毕，取出冷却至室温。8 000 r/min 离心 15 min。取 5 mL 上清液置于离心管中，加入 5 mL 正己烷，振摇 1 min，8 000 r/min 离心 15 min，弃去上层正己烷。按此过程重复一次。吸取下层清液，经 0.45 μm 有机滤膜过滤及 C_{18} 小柱净化后进行分析。按同一操作方法作空白试验。

（3）仪器参考条件。

① 液相色谱参考条件。

色谱柱：阴离子交换色谱柱（柱长 250 mm，内径 4 mm），或等效柱。阴离子交换色谱保护柱（柱长 10 mm，内径 4 mm），或等效柱。

流动相组成：

a）等度洗脱：流动相为 15 mmol/L 磷酸二氢铵溶液（pH 6.0）。流动相洗脱方式为等度洗脱。流动相流速为 1.0 mL/min。进样体积为 100 μL。等度洗脱适用于稻米及稻米加工食品。

b）梯度洗脱：流动相 A 为 1 mmol/L 磷酸二氢铵溶液（pH 9.0）；流动相 B 为 20 mmol/L 磷酸二氢铵溶液（pH 8.0）（梯度洗脱程序参见 GB 5009.11—2014 附录 A 中的表 A.4）。流动相流速为 1.0 mL/min。进样体积为 100 μL。梯度洗脱适用于水产动物样品、含水产动物组成的样品、含藻类等海产植物的样品以及婴幼儿辅助食品样品。

② 原子荧光检测参考条件。

负高压：320 V；砷灯总电流：90 mA；主电流/辅助电流：55 mA/35 mA；原子化方式：火焰原子化；原子化器温度：中温。

载液：20%盐酸溶液，流速 4 mL/min；还原剂：30 g/L 硼氢化钾溶液，流速 4 mL/min；载气流速：400 mL/min；辅助气流速：400 mL/min。

（4）标准曲线制作。取 7 支 10 mL 容量瓶，分别准确加入 1.00 mg/L 混合标准使用液 0 mL、0.050 mL、0.10 mL、0.20 mL、0.30 mL、0.50 mL 和

1.0 mL，加水稀释至刻度，此标准系列溶液的浓度分别为 0 ng/mL、5.0 ng/mL、10 ng/mL、20 ng/mL、30 ng/mL、50 ng/mL 和 100 ng/mL。

吸取标准系列溶液 100 μL 注入液相色谱-原子荧光光谱联用仪进行分析，得到色谱图，以保留时间定性。以标准系列溶液中目标化合物的浓度为横坐标、色谱峰面积为纵坐标，绘制标准曲线。标准溶液色谱图参见 GB 5009.11—2014 附录 B 中的图 B.1、图 B.2。

（5）试样溶液的测定。吸取试样溶液 100 μL 注入液相色谱-原子荧光光谱联用仪中，得到色谱图，以保留时间定性。根据标准曲线得到试样溶液中 As（Ⅲ）与 As（Ⅴ）含量，As（Ⅲ）与 As（Ⅴ）含量的加和为总无机砷含量，平行测定次数不少于 2 次。

5. 分析结果的表述 试样中无机砷的含量按公式（3-6）计算。

$$X = \frac{(c - c_0) \times V \times 1000}{m \times 1000 \times 1000} \tag{3-6}$$

式中：

X ——样品中无机砷的含量（以 As 计），单位为毫克每千克（mg/kg）；

c_0 ——空白溶液中无机砷化合物的浓度，单位为纳克每毫升（ng/mL）；

c ——测定溶液中无机砷化合物的浓度，单位为纳克每毫升（ng/mL）；

V ——试样消化液的体积，单位为毫升（mL）；

m ——试样的质量，单位为克（g）；

1 000——换算系数。

总无机砷含量等于 As（Ⅲ）含量与 As（Ⅴ）含量的加和。

计算结果保留 2 位有效数字。

6. 精密度 在重复性条件下获得的 2 次独立测定结果的绝对差值不得超过算术平均值的 20%。

7. 其他 取样量为 1 g、定容体积 20 mL 时，检出限为：稻米 0.02 mg/kg、水产动物 0.03 mg/kg、婴幼儿辅助食品 0.02 mg/kg；定量限为：稻米 0.05 mg/kg、水产动物 0.08 mg/kg、婴幼儿辅助食品 0.05 mg/kg。

三、食品中总汞及有机汞的测定 原子荧光光谱法

本方法摘自 GB 5009.17—2021 第一篇第一法。

1. 原理 试样经酸加热消解后，在酸性介质中，试样中汞被硼氢化钾或硼氢化钠还原成原子态汞，由载气（氩气）带入原子化器中，在汞空心阴极灯照射下，基态汞原子被激发至高能态，在由高能态回到基态时，发射出特征波

长的荧光，其荧光强度与汞含量成正比，外标法定量。

2. 试剂和材料 除非另有说明，本方法所用试剂均为优级纯，水为 GB/T 6682 规定的一级水。

（1）试剂。

① 硝酸（HNO_3）。

② 过氧化氢（H_2O_2）。

③ 硫酸（H_2SO_4）。

④ 氢氧化钾（KOH）。

⑤ 硼氢化钾（KBH_4）：分析纯。

⑥ 重铬酸钾（$K_2Cr_2O_7$）。

（2）试剂配制。

① 硝酸溶液（1+9）：量取 50 mL 硝酸，缓缓加入 450 mL 水中，混匀。

② 硝酸溶液（5+95）：量取 50 mL 硝酸，缓缓加入 950 mL 水中，混匀。

③ 氢氧化钾溶液（5 g/L）：称取 5.0 g 氢氧化钾，用水溶解并稀释至 1 000 mL，混匀。

④ 硼氢化钾溶液（5 g/L）：称取 5.0 g 硼氢化钾，用氢氧化钾溶液（5 g/L）溶解并稀释至 1 000 mL，混匀。临用现配。

⑤ 重铬酸钾的硝酸溶液（0.5 g/L）：称取 0.5 g 重铬酸钾，用硝酸溶液（5+95）溶解并稀释至 1 000 mL，混匀。

注：本方法也可用硼氢化钠作为还原剂：称取 3.5 g 硼氢化钠，用氢氧化钠溶液（3.5 g/L）溶解并定容至 1 000 mL，混匀。临用现配。

（3）标准品。氯化汞（$HgCl_2$，CAS 号：7487-94-7）：纯度≥99%。

（4）标准溶液配制。

① 汞标准储备液（1 000 mg/L）：准确称取 0.135 4 g 氯化汞，用重铬酸钾的硝酸溶液（0.5 g/L）溶解并转移至 100 mL 容量瓶中，稀释并定容至刻度，混匀。于 2～8 ℃冰箱中避光保存，有效期 2 年。或经国家认证并授予标准物质证书的汞标准溶液。

② 汞标准中间液（10.0 mg/L）：准确吸取汞标准储备液（1 000 mg/L）1.00 mL 于 100 mL 容量瓶中，用重铬酸钾的硝酸溶液（0.5 g/L）稀释并定容至刻度，混匀。于 2～8 ℃冰箱中避光保存，有效期 1 年。

③ 汞标准使用液（50.0 μg/L）：准确吸取汞标准中间液（10.0 mg/L）1.00 mL 于 200 mL 容量瓶中，用重铬酸钾的硝酸溶液（0.5 g/L）稀释并定容至刻度，混匀。临用现配。

④ 汞标准系列溶液：分别吸取汞标准使用液（50.0 μg/L）0 mL、0.20 mL、0.50 mL、1.00 mL、1.50 mL、2.00 mL、2.50 mL 于 50 mL 容量瓶，用硝酸溶液（1＋9）稀释并定容至刻度，混匀，相当于汞浓度为 0 μg/L、0.20 μg/L、0.50 μg/L、1.00 μg/L、1.50 μg/L、2.00 μg/L、2.50 μg/L。临用现配。

3. 仪器和设备

注：玻璃器皿及聚四氟乙烯消解内罐均需以硝酸溶液（1＋4）浸泡 24 h，用自来水反复冲洗，最后用水冲洗干净。

（1）原子荧光光谱仪：配汞空心阴极灯。

（2）电子天平：感量分别为 0.01 mg、0.1 mg 和 1 mg。

（3）微波消解系统。

（4）压力消解器。

（5）恒温干燥箱（50～300 ℃）。

（6）控温电热板（50～200 ℃）。

（7）超声水浴箱。

（8）匀浆机。

（9）高速粉碎机。

4. 分析步骤

（1）试样预处理。

① 粮食、豆类等样品取可食部分粉碎均匀，装入洁净聚乙烯瓶中，密封保存备用。

② 蔬菜、水果、鱼类、肉类及蛋类等新鲜样品，洗净晾干，取可食部分匀浆，装入洁净聚乙烯瓶中，密封，于 2～8 ℃冰箱冷藏备用。

③ 乳及乳制品匀浆或均质后装入洁净聚乙烯瓶中，密封于 2～8 ℃冰箱冷藏备用。

（2）试样消解。

① 微波消解法。称取固体试样 0.2～0.5 g（精确至 0.001 g，含水分较多的样品可适当增加取样量至 0.8 g）或准确称取液体试样 1.0～3.0 g（精确至 0.001 g），对于植物油等难消解的样品称取 0.2～0.5 g（精确至 0.001 g），置于消解罐中，加入 5～8 mL 硝酸，加盖放置 1 h，对于难消解的样品再加入 0.5～1 mL 过氧化氢，旋紧罐盖，按照微波消解仪的标准操作步骤进行消解（微波消解参考条件参见 GB 5009.17—2021 附录 A 中的表 A.1）。冷却后取出，缓慢打开罐盖排气，用少量水冲洗内盖，将消解罐放在控温电热板上或超声水浴箱中，80 ℃下加热或超声脱气 3～6 min 赶去棕色气体，取出消解内罐，

将消化液转移至 25 mL 容量瓶中，用少量水 3 次洗涤内罐，洗涤液合并于容量瓶中并定容至刻度，混匀备用；同时做空白试验。

② 压力罐消解法。称取固体试样 0.2～1.0 g（精确至 0.001 g，含水分较多的样品可适当增加取样量至 2 g），或准确称取液体试样 1.0～5.0 g（精确至 0.001 g），对于植物油等难消解的样品称取 0.2～0.5 g（精确至 0.001 g），置于消解内罐中，加入 5 mL 硝酸，放置 1 h 或过夜，盖好内盖，旋紧不锈钢外套，放入恒温干燥箱，140～160 ℃下保持 4～5 h，在箱内自然冷却至室温，缓慢旋松不锈钢外套，将消解内罐取出，用少量水冲洗内盖，将消解罐放在控温电热板上或超声水浴箱中，80 ℃下加热或超声脱气 3～6 min 赶去棕色气体。取出消解内罐，将消化液转移至 25 mL 容量瓶中，用少量水分 3 次洗涤内罐，洗涤液合并于容量瓶中并定容至刻度，混匀备用；同时做空白试验。

③ 回流消化法。

a）粮食。称取 1.0～4.0 g（精确至 0.001 g）试样，置于消化装置锥形瓶中，加玻璃珠数粒，加 45 mL 硝酸、10 mL 硫酸，转动锥形瓶防止局部炭化。装上冷凝管后，低温加热，待开始发泡即停止加热，发泡停止后，加热回流 2 h。如加热过程中溶液变棕色，再加 5 mL 硝酸，继续回流 2 h，消解到样品完全溶解，一般呈淡黄色或无色，待冷却后从冷凝管上端小心加入 20 mL 水，继续加热回流 10 min，放置冷却后，用适量水冲洗冷凝管，冲洗液并入消化液中，将消化液经玻璃棉过滤于 100 mL 容量瓶内，用少量水洗涤锥形瓶、滤器，洗涤液并入容量瓶内，加水至刻度，混匀备用；同时做空白试验。

b）植物油及动物油脂。称取 1.0～3.0 g（精确至 0.001 g）试样，置于消化装置锥形瓶中，加玻璃珠数粒，加入 7 mL 硫酸，小心混匀至溶液颜色变为棕色，然后加 40 mL 硝酸。后续步骤同 a）"装上冷凝管后，低温加热……同时做空白试验"。

c）薯类、豆制品。称取 1.0～4.0 g（精确至 0.001 g）试样，置于消化装置锥形瓶中，加玻璃珠数粒及 30 mL 硝酸、5 mL 硫酸，转动锥形瓶防止局部炭化。后续步骤同 a）"装上冷凝管后，低温加热……同时做空白试验"。

（3）测定。

① 仪器测试条件。根据各自仪器性能调至最佳状态。光电倍增管负高压：240 V；汞空心阴极灯电流：30 mA；原子化器温度：200 ℃；载气流速：500 mL/min；屏蔽气流速：1 000 mL/min。

② 标准曲线的制作。设定好仪器最佳条件，连续用硝酸溶液（1+9）进样，待读数稳定之后，转入标准系列溶液测量，由低到高浓度顺序测定标准溶

液的荧光强度，以汞的质量浓度为横坐标、荧光强度为纵坐标，绘制标准曲线。

注：可根据仪器的灵敏度及样品中汞的实际含量微调标准系列溶液中汞的质量浓度范围。

③ 试样测定。转入试样测量，先用硝酸溶液（1＋9）进样，使读数基本回零，再分别测定处理好的试样空白和试样溶液。

5. 分析结果的表述　试样中汞含量按公式（3-7）计算。

$$X = \frac{(\rho - \rho_0) \times V \times 1000}{m \times 1000 \times 1000} \tag{3-7}$$

式中：

X　　——试样中汞的含量，单位为毫克每千克（mg/kg）；

ρ　　——试样溶液中汞的含量，单位为微克每升（μg/L）；

ρ_0　　——空白液中汞的含量，单位为微克每升（μg/L）；

V　　——试样消化液的定容总体积，单位为毫升（mL）；

m　　——试样的称样量，单位为克（g）；

1 000　——换算系数。

当汞含量≥1.00 mg/kg 时，计算结果保留 3 位有效数字；当汞含量＜1.00 mg/kg 时，计算结果保留 2 位有效数字。

6. 精密度　样品中汞含量大于 1 mg/kg 时，在重复性条件下获得的 2 次独立测定结果的绝对差值不得超过算术平均值的 10％；小于或等于 1 mg/kg 且大于 0.1 mg/kg 时，在重复性条件下获得的 2 次独立测定结果的绝对差值不得超过算术平均值的 15％；小于或等于 0.1 mg/kg 时，在重复性条件下获得的 2 次独立测定结果的绝对差值不得超过算术平均值的 20％。

7. 其他　当样品称样量为 0.5 g、定容体积为 25 mL 时，方法检出限为 0.003 mg/kg，方法定量限 0.01 mg/kg。

四、食品中甲基汞的测定　液相色谱-原子荧光光谱联用法

本方法摘自 GB 5009.17—2021。

1. 原理　试样中甲基汞经超声波辅助 5 mol/L 盐酸溶液提取后，使用 C_{18} 反相色谱柱分离，色谱流出液进入在线紫外消解系统，在紫外光照射下与强氧化剂过硫酸钾反应，甲基汞转变为无机汞。酸性环境下，无机汞与硼氢化钾在线反应生成汞蒸气，由原子荧光光谱仪测定。保留时间定性，外标法定量。

2. 试剂和材料　除非另有说明，本方法所用试剂均为分析纯，水为

GB/T 6682 规定的一级水。

（1）试剂。

① 甲醇（CH_3OH）：色谱纯。

② 氢氧化钠（NaOH）。

③ 氢氧化钾（KOH）。

④ 硼氢化钾（KBH_4）。

⑤ 过硫酸钾（$K_2S_2O_8$）。

⑥ 乙酸铵（CH_3COONH_4）。

⑦ 盐酸（HCl）：优级纯。

⑧ 硝酸（HNO_3）：优级纯。

⑨ 重铬酸钾（$K_2Cr_2O_7$）。

⑩ L-半胱氨酸（$L-HSCH_2CH(NH_2)COOH$）：生化试剂，$\geqslant 98.5\%$。

（2）试剂配制。

① 盐酸溶液（5 mol/L）：量取 208 mL 盐酸，加水稀释至 500 mL。

② 盐酸溶液（1+9）：量取 100 mL 盐酸，加水稀释至 1 000 mL。

③ 氢氧化钾溶液（2 g/L）：称取 2.0 g 氢氧化钾，加水溶解并稀释至 1 000 mL。

④ 氢氧化钠溶液（6 mol/L）：称取 24 g 氢氧化钠，加水溶解，冷却后稀释至 100 mL。

⑤ 硼氢化钾溶液（2 g/L）：称取 2.0 g 硼氢化钾，用氢氧化钾溶液（2 g/L）溶解并稀释至 1 000 mL。临用现配。

⑥ 过硫酸钾溶液（2 g/L）：称取 1.0 g 过硫酸钾，用氢氧化钾溶液（2 g/L）溶解并稀释至 500 mL。临用现配。

⑦ 硝酸溶液（5+95）：量取 5 mL 硝酸，缓缓倒入 95 mL 水中，混匀。

⑧ 重铬酸钾的硝酸溶液（0.5 g/L）：称取 0.5 g 重铬酸钾，用硝酸溶液（5+95）溶解并稀释至 1 000 mL，混匀。

⑨ L-半胱氨酸溶液（10 g/L）：称取 0.1 g L-半胱氨酸，加 10 mL 水溶解，混匀。临用现配。

⑩ 甲醇水溶液（1+1）：量取甲醇 100 mL，加 100 mL 水，混匀。

⑪ 流动相（3％甲醇＋0.04 mol/L 乙酸铵＋1 g/L L-半胱氨酸）：称取 0.5 g L-半胱氨酸、1.6 g 乙酸铵，用 100 mL 水溶解，加入 15 mL 甲醇，用水稀释至 500 mL。经 0.45 μm 有机系滤膜过滤后，于超声水浴中超声脱气 30 min。临用现配。

（3）标准品。

① 氯化汞（$HgCl_2$，CAS号：7487-94-7）：纯度≥99%。

② 氯化甲基汞（$HgCH_3Cl$，CAS号：115-09-3）：纯度≥99%。

③ 氯化乙基汞（$HgCH_3CH_2Cl$，CAS号：107-27-7）：纯度≥99%。

（4）标准溶液配制。

① 汞标准储备液（200 mg/L，以Hg计）：准确称取0.027 0 g氯化汞，用重铬酸钾的硝酸溶液（0.5 g/L）溶解，稀释并定容至100 mL。于2～8 ℃冰箱中避光保存，有效期1年。或经国家认证并授予标准物质证书的汞标准溶液。

② 甲基汞标准储备液（200 mg/L，以Hg计）：准确称取0.025 0 g氯化甲基汞，加入少量甲醇溶解，用甲醇水溶液（1+1）稀释并定容至100 mL。于2～8 ℃冰箱中避光保存，有效期1年。或经国家认证并授予标准物质证书的甲基汞标准溶液。

③ 乙基汞标准储备液（200 mg/L，以Hg计）：准确称取0.026 5 g氯化乙基汞，加入少量甲醇溶解，用甲醇水溶液（1+1）稀释并定容至100 mL。于2～8 ℃冰箱中避光保存，有效期1年。或经国家认证并授予标准物质证书的乙基汞标准溶液。

④ 混合标准使用液（1.0 mg/L，以Hg计）：分别准确吸取氯化汞标准储备液、甲基汞标准储备液和乙基汞标准储备液各0.50 mL，置于100 mL容量瓶中，以流动相稀释并定容至刻度，摇匀。临用现配。

⑤ 混合标准溶液（10.0 μg/L，以Hg计）：准确吸取0.25 mL混合标准使用液（1.0 mg/L）于25 mL容量瓶中，用流动相稀释并定容至刻度。临用现配。

⑥ 甲基汞标准使用液（1.0 mg/L，以Hg计）：准确吸取0.50 mL甲基汞标准储备液（200 mg/L）于100 mL容量瓶中，以流动相稀释并定容至刻度，摇匀。临用现配。

⑦ 甲基汞标准系列溶液：分别准确吸取甲基汞标准使用液（1.0 mg/L）0 mL、0.01 mL、0.05 mL、0.10 mL、0.30 mL、0.50 mL于10 mL容量瓶中，用流动相稀释并定容至刻度。此标准系列溶液的浓度分别为0 μg/L、1.0 μg/L、5.0 μg/L、10.0 μg/L、30.0 μg/L、50.0 μg/L。临用现配。

注：可根据样品中甲基汞的实际含量适当调整标准系列溶液中甲基汞的质量浓度范围。

3. 仪器和设备

注：玻璃器皿均需以硝酸溶液（1+4）浸泡24 h，用自来水反复冲洗，最

后用水冲洗干净。

（1）液相色谱-原子荧光光谱联用仪（LC－AFS）：由液相色谱仪、在线紫外消解系统及原子荧光光谱仪组成。

（2）电子天平：感量分别为 0.01 mg、0.1 mg 和 1 mg。

（3）匀浆机。

（4）高速粉碎机。

（5）冷冻离心机：转速≥8 000 r/min。

（6）超声波清洗器。

（7）有机系滤膜：0.45 μm。

（8）筛网：粒径≤425 μm（或筛孔≥40 目）。

4. 分析步骤

（1）试样制备。

① 大米、食用菌、水产动物及其制品的干剂样品，取可食部分粉碎均匀，粒径达 425 μm 以下（相当于 40 目以上），装入洁净聚乙烯瓶中，密封保存备用。

② 食用菌、水产动物等湿剂样品，洗净晾干，取可食部分匀浆至均质，装入洁净聚乙烯瓶中，密封，于 2～8 ℃冰箱冷藏备用。

注：在采样和制备过程中，应注意避免试样污染。

（2）试样提取。称取固体样品 0.20～1.0 g 或新鲜样品 0.50～2.0 g（精确至 0.001 g），置于 15 mL 塑料离心管中，加入 10 mL 盐酸溶液（5 mol/L）。室温下超声水浴提取 60 min，其间振摇数次。4 ℃下以 8 000 r/min 离心 15 min。准确吸取 2.0 mL 上清液至 5 mL 容量瓶或刻度试管中，逐滴加入氢氧化钠溶液（6 mol/L），至样液 pH 3～7。加入 0.1 mL 的 L-半胱氨酸溶液（10 g/L），用水稀释定容至刻度。经 0.45 μm 有机系滤膜过滤，待测。同时做空白试验。

注：滴加 6 mol/L 氢氧化钠溶液时应缓慢逐滴加入，避免酸碱中和产生的热量来不及扩散，使温度很快升高，导致汞化合物挥发，造成测定值偏低。可选择加入 1～2 滴 0.1％的甲基橙溶液作为指示剂，当滴定至溶液由红色变为橙色时即可。

（3）测定。

① 液相色谱参考条件。液相色谱参考条件如下：

a）色谱柱：C$_{18}$分析柱（150 mm×4.6 mm，5 μm）或等效色谱柱，C$_{18}$预柱（10 mm×4.6 mm，5 μm）或等效色谱预柱。

b）流动相：3％甲醇＋0.04 mol/L 乙酸铵＋1 g/L L-半胱氨酸。

c）流速：1 mL/min。

d）进样体积：100 μL。

②原子荧光检测参考条件。原子荧光检测参考条件如下：

a）负高压：300 V。

b）汞灯电流：30 mA。

c）原子化方式：冷原子。

d）载液：盐酸溶液（1+9）。

e）载液流速：4.0 mL/min。

f）还原剂：2 g/L 硼氢化钾溶液。

g）还原剂流速：4.0 mL/min。

h）氧化剂：2 g/L 过硫酸钾溶液。

i）氧化剂流速：1.6 mL/min。

j）载气（氩气）流速：500 mL/min。

k）辅助气（氩气）流速：600 mL/min。

（4）标准曲线制作。设定仪器最佳条件，待基线稳定后，测定汞形态混合标准溶液（10 μg/L），确定各汞形态的分离度，待分离度（$R>1.5$）达到要求后，将甲基汞标准系列溶液按质量浓度由低到高分别注入液相色谱-原子荧光光谱联用仪中进行测定，以标准系列溶液中目标化合物的浓度为横坐标、色谱峰面积为纵坐标，制作标准曲线。汞形态混合标准溶液的色谱图参见 GB 5009.17—2021 附录 C 中的图 C.1。

（5）试样溶液的测定。依次将空白溶液和试样溶液注入液相色谱-原子荧光光谱联用仪中，得到色谱图，以保留时间定性。根据标准曲线得到试样溶液中甲基汞的浓度。试样溶液的色谱图参见 GB 5009.17—2021 附录 C 中的图 C.2 至图 C.4。

5. 分析结果的表述 试样中甲基汞含量按公式（3-8）计算。

$$X = \frac{f \times (\rho - \rho_0) \times V \times 1000}{m \times 1000 \times 1000} \tag{3-8}$$

式中：

X ——试样中甲基汞的含量（以 Hg 计），单位为毫克每千克（mg/kg）；

f ——稀释因子，取值为 2.5；

ρ ——经标准曲线得到的测定液中甲基汞的浓度，单位为微克每升（μg/L）；

ρ_0 ——经标准曲线得到的空白溶液中甲基汞的浓度，单位为微克每升（$\mu g/L$）；

V ——加入提取试剂的体积，单位为毫升（mL）；

m ——试样的称样量，单位为克（g）；

1 000——换算系数。

当甲基汞含量≥1.00 mg/kg 时，计算结果保留 3 位有效数字；当甲基汞含量＜1.00 mg/kg 时，计算结果保留 2 位有效数字。

6. 精密度 样品中汞含量大于 1 mg/kg 时，在重复性条件下获得的 2 次独立测定结果的绝对差值不得超过算术平均值的 10％；小于或等于 1 mg/kg 且大于 0.1 mg/kg 时，在重复性条件下获得的 2 次独立测定结果的绝对差值不得超过算术平均值的 15％；小于或等于 0.1 mg/kg 时，在重复性条件下获得的 2 次独立测定结果的绝对差值不得超过算术平均值的 20％。

7. 其他 当样品称样量为 1.0 g、加入 10 mL 提取试剂、稀释因子为 2.5 时，方法检出限为 0.008 mg/kg，方法定量限为 0.03 mg/kg。

第四节 电感耦合等离子体质谱法（ICP－MS）

本节内容摘自 GB 5009.268—2016。

1. 原理 试样经消解后，由电感耦合等离子体质谱仪测定食品中多元素，以元素特定质量数（质荷比，m/z）定性，采用外标法，以待测元素质谱信号与内标元素质谱信号的强度比与待测元素的浓度成正比进行定量分析。

2. 试剂和材料 除非另有说明，本方法所用试剂均为优级纯，水为 GB/T 6682 规定的一级水。

（1）试剂。

① 硝酸（HNO_3）：优级纯或更高纯度。

② 氩气（Ar）：氩气（≥99.995％）或液氩。

③ 氦气（He）：氦气（≥99.995％）。

④ 金元素（Au）溶液（1 000 mg/L）。

（2）试剂配制。

① 硝酸溶液（5+95）：取 50 mL 硝酸，缓慢加入 950 mL 水中，混匀。

② 汞标准稳定剂：取 2 mL 金元素（Au）溶液，用硝酸溶液（5+95）稀释至 1 000 mL，用于汞标准溶液的配制。

注：汞标准稳定剂也可采用 2 g/L 半胱氨酸盐酸盐＋硝酸（5＋95）混合溶液，或其他等效稳定剂。

（3）标准品。

① 元素储备液（1 000 mg/L 或 100 mg/L）：铅、镉、砷、汞、硒、铬、锡、铜、铁、锰、锌、镍、铝、锑、钾、钠、钙、镁、硼、钡、锶、钼、铊、钛、钒和钴，采用经国家认证并授予标准物质证书的单元素或多元素标准储备液。

② 内标元素储备液（1 000 mg/L）：钪、锗、铟、铑、铼、铋等采用经国家认证并授予标准物质证书的单元素或多元素内标标准储备液。

（4）标准溶液配制。

① 混合标准工作溶液：吸取适量单元素标准储备液或多元素混合标准储备液，用硝酸溶液（5＋95）逐级稀释配成混合标准工作溶液系列，各元素质量浓度参见 GB 5009.268—2016 附录 A 中的表 A.1。

注：依据样品消解溶液中元素质量浓度水平，适当调整标准系列中各元素质量浓度范围。

② 汞标准工作溶液：取适量汞储备液，用汞标准稳定剂逐级稀释配成标准工作溶液系列。

③ 内标使用液：取适量内标单元素储备液或内标多元素标准储备液，用硝酸溶液（5＋95）配制合适浓度的内标使用液，内标使用液浓度参见 GB 5009.268—2016 附录 A 中的 A.2。

注：内标溶液既可在配制混合标准工作溶液和样品消化液中手动定量加入，也可由仪器在线加入。

3. 仪器和设备

（1）电感耦合等离子体质谱仪（ICP‐MS）。

（2）天平：感量分别为 0.1 mg 和 1 mg。

（3）微波消解仪：配有聚四氟乙烯消解内罐。

（4）压力消解罐：配有聚四氟乙烯消解内罐。

（5）恒温干燥箱。

（6）控温电热板。

（7）超声水浴箱。

（8）样品粉碎设备：匀浆机、高速粉碎机。

4. 分析步骤

（1）试样制备。

① 固态样品。

a) 干样。豆类、谷物、菌类、茶叶、干制水果、焙烤食品等低含水量样品，取可食部分，必要时经高速粉碎机粉碎均匀。

b) 鲜样。蔬菜、水果、水产品等高含水量样品，必要时洗净，晾干，取可食部分匀浆均匀；对于肉类、蛋类等样品，取可食部分匀浆均匀。

c) 速冻及罐头食品。经解冻的速冻食品及罐头样品，取可食部分匀浆均匀。

② 半固态样品。搅拌均匀。

（2）试样消解。可根据试样中待测元素的含量水平和检测水平要求选择相应的消解方法及消解容器。

① 微波消解法。称取固体样品 0.2～0.5 g（精确至 0.001 g，含水分较多的样品，可适当增加取样量至 1 g）或准确移取液体试样 1.00～3.00 mL 于微波消解内罐中。含乙醇或二氧化碳的样品，先在电热板上低温加热除去乙醇或二氧化碳，加入 5～10 mL 硝酸，加盖放置 1 h 或过夜，旋紧罐盖，按照微波消解仪标准操作步骤进行消解（消解参考条件参见 GB 5009.268—2016 附录 B 中的表 B.1）。冷却后取出，缓慢打开罐盖排气，用少量水冲洗内盖，将消解罐放在控温电热板上或超声水浴箱中，于 100 ℃加热 30 min 或超声脱气 2～5 min，用水定容至 25 mL 或 50 mL，混匀备用。同时做空白试验。

② 压力罐消解法。称取固体干样 0.2～1 g（精确至 0.001 g，含水分较多的样品，可适当增加取样量至 2 g）或准确移取液体试样 1.00～5.00 mL 于消解内罐中。含乙醇或二氧化碳的样品，先在电热板上低温加热除去乙醇或二氧化碳，加入 5 mL 硝酸，放置 1 h 或过夜，旋紧不锈钢外套，放入恒温干燥箱消解（消解参考条件参见 GB 5009.268—2016 附录 B 中的表 B.1），于 150～170 ℃ 消解 4 h，冷却后，缓慢旋松不锈钢外套，将消解内罐取出，在控温电热板上或超声水浴箱中，于 100 ℃加热 30 min 或超声脱气 2～5 min，用水定容至 25 mL 或 50 mL，混匀备用。同时做空白试验。

（3）仪器参考条件。

① 仪器操作条件：电感耦合等离子体质谱仪操作条件见表 3-1；电感耦合等离子体质谱仪元素分析模式见表 3-2。对没有合适消除干扰模式的仪器，需采用干扰校正方程对测定结果进行校正，铅、镉、砷、钼、硒、钒等元素干扰校正方程见表 3-3。

表 3-1　电感耦合等离子体质谱仪操作参考条件

参数名称	参数	参数名称	参数
射频功率	1 500 W	雾化器	高盐/同心雾化器
等离子体气流量	15 L/min	采样锥/截取锥	镍/铂锥
载气流量	0.80 L/min	采样深度	8～10 mm
辅助气流量	0.40 L/min	采集模式	跳峰（spectrum）
氦气流量	4～5 mL/min	检测方式	自动
雾化室温度	2 ℃	每峰测定点数	1～3
样品提升速率	0.3 r/s	重复次数	2～3

表 3-2　电感耦合等离子体质谱仪元素分析模式

序号	元素名称	元素符号	分析模式	序号	元素名称	元素符号	分析模式
1	硼	B	普通/碰撞反应池	14	铜	Cu	碰撞反应池
2	钠	Na	普通/碰撞反应池	15	锌	Zn	碰撞反应池
3	镁	Mg	碰撞反应池	16	砷	As	碰撞反应池
4	铝	Al	普通/碰撞反应池	17	硒	Se	碰撞反应池
5	钾	K	普通/碰撞反应池	18	锶	Sr	普通/碰撞反应池
6	钙	Ca	碰撞反应池	19	钼	Mo	碰撞反应池
7	钛	Ti	碰撞反应池	20	镉	Cd	碰撞反应池
8	钒	V	碰撞反应池	21	锡	Sn	碰撞反应池
9	铬	Cr	碰撞反应池	22	锑	Sb	碰撞反应池
10	锰	Mn	碰撞反应池	23	钡	Ba	普通/碰撞反应池
11	铁	Fe	碰撞反应池	24	汞	Hg	普通/碰撞反应池
12	钴	Co	碰撞反应池	25	铊	Tl	普通/碰撞反应池
13	镍	Ni	碰撞反应池	26	铅	Pb	普通/碰撞反应池

表 3-3　元素干扰校正方程

同位素	推荐的校正方程
^{51}V	$[^{51}V]=[51]+0.352\,4\times[52]-3.108\times[53]$
^{75}As	$[^{75}As]=[75]-3.127\,8\times[77]+1.017\,7\times[78]$
^{78}Se	$[^{78}Se]=[78]-0.186\,9\times[76]$

（续）

同位素	推荐的校正方程
^{98}Mo	$[^{98}\text{Mo}]=[98]-0.146\times[99]$
^{114}Cd	$[^{114}\text{Cd}]=[114]-1.628\,5\times[108]-0.014\,9\times[118]$
^{208}Pb	$[^{208}\text{Pb}]=[206]+[207]+[208]$

注1：$[X]$ 为质量数 X 处的质谱信号强度——离子每秒计数值（CPS）。

注2：对于同量异位素干扰能够通过仪器的碰撞/反应模式得以消除的情况下，除铅元素外，可不采用干扰校正方程。

注3：低含量铬元素的测定需采用碰撞/反应模式。

② 测定参考条件：在调谐仪器达到测定要求后，编辑测定方法，根据待测元素的性质选择相应的内标元素，待测元素和内标元素的 m/z 见表 3-4。

表 3-4 待测元素推荐选择的同位素和内标元素

序号	元素	m/z	内标	序号	元素	m/z	内标
1	B	11	^{45}Sc/^{72}Ge	14	Cu	63/65	^{72}Ge/^{103}Rh/^{115}In
2	Na	23	^{45}Sc/^{72}Ge	15	Zn	66	^{72}Ge/^{103}Rh/^{115}In
3	Mg	24	^{45}Sc/^{72}Ge	16	As	75	^{72}Ge/^{103}Rh/^{115}In
4	Al	27	^{45}Sc/^{72}Ge	17	Se	78	^{72}Ge/^{103}Rh/^{115}In
5	K	39	^{45}Sc/^{72}Ge	18	Sr	88	^{103}Rh/^{115}In
6	Ca	43	^{45}Sc/^{72}Ge	19	Mo	95	^{103}Rh/^{115}In
7	Ti	48	^{45}Sc/^{72}Ge	20	Cd	111	^{103}Rh/^{115}In
8	V	51	^{45}Sc/^{72}Ge	21	Sn	118	^{103}Rh/^{115}In
9	Cr	52/53	^{45}Sc/^{72}Ge	22	Sb	123	^{103}Rh/^{115}In
10	Mn	55	^{45}Sc/^{72}Ge	23	Ba	137	^{103}Rh/^{115}In
11	Fe	56/57	^{45}Sc/^{72}Ge	24	Hg	200/202	^{185}Re/^{209}Bi
12	Co	59	^{72}Ge/^{103}Rh/^{115}In	25	Tl	205	^{185}Re/^{209}Bi
13	Ni	60	^{72}Ge/^{103}Rh/^{115}In	26	Pb	206/207/208	^{185}Re/^{209}Bi

（4）标准曲线制作。将混合标准溶液注入电感耦合等离子体质谱仪中，测定待测元素和内标元素的信号响应值，以待测元素的浓度为横坐标、待测元素与所选内标元素响应信号值的比值为纵坐标，绘制标准曲线。

（5）试样溶液的测定。将空白溶液和试样溶液分别注入电感耦合等离子体质谱仪中，测定待测元素和内标元素的信号响应值，根据标准曲线得到消解液中待测元素的浓度。

5. 分析结果的表述

(1) 低含量待测元素的计算。试样中低含量待测元素的含量按公式（3-9）计算。

$$X = \frac{(\rho - \rho_0) \times V \times f}{m \times 1000} \qquad (3-9)$$

式中：

X ——试样中待测元素的含量，单位为毫克每千克（mg/kg）或毫克每升（mg/L）；

ρ ——试样溶液中被测元素的质量浓度，单位为微克每升（μg/L）；

ρ_0 ——试样空白中被测元素的质量浓度，单位为微克每升（μg/L）；

V ——试样消化液的定容体积，单位为毫升（mL）；

f ——试样的稀释倍数；

m ——试样的称取质量或移取体积，单位为克（g）或毫升（mL）；

1 000——换算系数。

计算结果保留 3 位有效数字。

(2) 高含量待测元素的计算。

试样中高含量待测元素的含量按公式（3-10）计算。

$$X = \frac{(\rho - \rho_0) \times V \times f}{m} \qquad (3-10)$$

式中：

X ——试样中待测元素的含量，单位为毫克每千克（mg/kg）或毫克每升（mg/L）；

ρ ——试样溶液中被测元素的质量浓度，单位为毫克每升（mg/L）；

ρ_0 ——试样空白液中被测元素的质量浓度，单位为毫克每升（mg/L）；

V ——试样消化液的定容体积，单位为毫升（mL）；

f ——试样的稀释倍数；

m ——试样的称取质量或移取体积，单位为克（g）或毫升（mL）。

计算结果保留 3 位有效数字。

6. 精密度 样品中各元素含量大于 1 mg/kg 时，在重复性条件下获得的 2 次独立测定结果的绝对差值不得超过算术平均值的 10%；小于或等于 1 mg/kg 且大于 0.1 mg/kg 时，在重复性条件下获得的 2 次独立测定结果的绝对差值不得超过算术平均值的 15%；小于或等于 0.1 mg/kg 时，在重复性条件下获得的 2 次独立测定结果的绝对差值不得超过算术平均值的 20%。

7. 其他 固体样品以 $0.5\,g$ 定容体积至 $50\,mL$，液体样品以 $2\,mL$ 定容体积至 $50\,mL$ 计算，本方法各元素的检出限和定量限见表 3-5。

表 3-5 电感耦合等离子体质谱法（ICP-MS）检出限及定量限

序号	元素名称	元素符号	检出限 1 (mg/kg)	检出限 2 (mg/L)	定量限 1 (mg/kg)	定量限 2 (mg/L)
1	硼	B	0.1	0.03	0.3	0.1
2	钠	Na	1	0.3	3	1
3	镁	Mg	1	0.3	3	1
4	铝	Al	0.5	0.2	2	0.5
5	钾	K	1	0.3	3	1
6	钙	Ca	1	0.3	3	1
7	钛	Ti	0.02	0.005	0.05	0.02
8	钒	V	0.002	0.000 5	0.005	0.002
9	铬	Cr	0.05	0.02	0.2	0.05
10	锰	Mn	0.1	0.03	0.3	0.1
11	铁	Fe	1	0.3	3	1
12	钴	Co	0.001	0.000 3	0.003	0.001
13	镍	Ni	0.2	0.05	0.5	0.2
14	铜	Cu	0.05	0.02	0.2	0.05
15	锌	Zn	0.5	0.2	2	0.5
16	砷	As	0.002	0.000 5	0.005	0.002
17	硒	Se	0.01	0.003	0.03	0.01
18	锶	Sr	0.2	0.05	0.5	0.2
19	钼	Mo	0.01	0.003	0.03	0.01
20	镉	Cd	0.002	0.000 5	0.005	0.002
21	锡	Sn	0.01	0.003	0.03	0.01
22	锑	Sb	0.01	0.003	0.03	0.01
23	钡	Ba	0.02	0.005	0.05	0.02
24	汞	Hg	0.001	0.000 3	0.003	0.001
25	铊	Tl	0.000 1	0.000 03	0.000 3	0.000 1
26	铅	Pb	0.02	0.005	0.05	0.02

第四章

真菌毒素检测方法

  真菌毒素，也称霉菌毒素，是真菌在生长繁殖过程中产生的次级有毒代谢产物，其广泛存在于农作物、食品及饲料的生产、储存过程中，还会通过食物链在畜产品（如牛奶）中被发现。据联合国粮食与农业组织统计，全球每年约有 25％的粮食被真菌毒素污染。目前已知的真菌毒素有 400 多种，其中常见的黄曲霉毒素、玉米赤霉烯酮、赭曲霉毒素、脱氧雪腐镰刀菌烯醇等已被证实会严重危害食品安全和人类健康。

  黄曲霉毒素是由黄曲霉和寄生曲霉等菌株产生的有毒代谢产物，是一类基本结构都含有二呋喃环和香豆素（氧杂萘邻酮）的化合物，目前已分离鉴定出 12 种，其衍生物约 20 种，分别命名为 B_1、B_2、G_1、G_2 等，常见于谷物、坚果、油籽和饲料中。其中，黄曲霉毒素 B_1 是毒性最强的一种衍生物，难溶于水，易溶于极性有机溶剂，热稳定性强，在强碱溶液中才会分解。黄曲霉毒素是一种剧毒的致肝癌物质，具有致突变性和强致癌性，被世界卫生组织国际癌症研究机构列为Ⅰ类致癌物，可引起细胞错误地修复 DNA，导致严重的 DNA 诱变，协同其他因素最终引起器官癌变。

  玉米赤霉烯酮主要由禾谷镰刀菌产生，粉红镰刀菌、串珠镰刀菌、三线镰刀菌等多种镰刀菌也能产生这种毒素。常见于玉米、小麦、大豆等粮食作物中，易溶于碱性水溶液和有机溶剂，在人和动物体内可以形成多种有毒性的代谢产物，并具有蓄积性。玉米赤霉烯酮具有类雌激素作用，可造成受体雌激素水平提高，其作用的靶器官主要是雌性动物的生殖系统，同时对雄性动物也有一定的影响，可能会引起性早熟和乳腺疾病，或因雌激素水平过高而造成的脏器出血和突然死亡。世界卫生组织国际癌症研究机构已于 2017 年将玉米赤霉烯酮纳入Ⅲ类致癌物清单。

  赭曲霉毒素是由曲霉属和青霉属的霉菌等产毒菌株侵染粮食、食品、饲料及其他农副产品后所产生的一种有毒代谢产物，是 L-β-苯基丙氨酸与异香豆素的联合，包括赭曲霉毒素 A、赭曲霉毒素 B、赭曲霉毒素 C 和赭曲霉毒素 D 4 种化合物，此外还衍生出多种化合物的代谢产物。赭曲霉毒素广泛存在于各种食品、谷物及其副产品、咖啡、肉类、乳品、干果、调味品、酒类等中，它可以导致受试动物的肾萎缩、胎儿畸形、流产及死亡，对人类及动物健康构成了很大威胁。其中，赭曲霉毒素 A 分布最普遍、污染最广泛、毒性也最强，微溶于水，可溶于极性有机溶剂和稀碳酸氢钠溶液，化学稳定性高，热稳定性强。赭曲霉毒素 A 具有致癌性、致畸性、免疫毒性、肾毒性和神经毒性，主要侵害动物肝脏与肾脏，引起脏器损伤，大量的毒素也可能引起动物的肠黏膜炎症和坏死，被世界卫生组织国际癌症研究机构确定为ⅡB类人类潜在致癌物。

脱氧雪腐镰刀菌烯醇又名脱氧瓜蒌镰菌醇，属于单端孢霉烯族化合物，主要由禾谷镰刀菌、尖孢镰刀菌、串珠镰刀菌、拟枝孢镰刀菌、粉红镰刀菌、雪腐镰刀菌等镰刀菌产生，广泛存在于小麦、玉米等粮谷中，是一类强有力的免疫抑制剂，具有很高的细胞毒素及免疫抑制性质，特别是对免疫功能具有明显的影响，因其能引起动物呕吐也被称为呕吐毒素。脱氧雪腐镰刀菌烯醇易溶于水和极性有机溶剂，在碱性高压热蒸汽条件下可以破坏其活性，根据剂量和暴露时间不同，可引起免疫抑制或免疫刺激。当人摄入了被脱氧雪腐镰刀菌烯醇污染的食物后，会导致厌食、呕吐、腹泻、发烧、站立不稳、反应迟钝等急性中毒症状，严重时损害造血系统造成死亡。1998 年，在世界卫生组织国际癌症研究机构公布的评价报告中，脱氧雪腐镰刀菌烯醇被列为Ⅲ类致癌物。

真菌毒素污染范围广、毒性强且具有热稳定性，世界各国都对食品中真菌毒素的含量有严格的控制标准。我国《食品安全国家标准　食品中真菌毒素限量》（GB 2761—2017）中明确规定了包括黄曲霉毒素 B_1、黄曲霉毒素 M_1、脱氧雪腐镰刀菌烯醇、展青霉素、赭曲霉毒素 A 以及玉米赤霉烯酮在内的 6 种真菌毒素在食品原料和（或）食品成品可食用部分中允许的最大含量水平。因此，农产品中真菌毒素的高效检测方法是农产品质量安全风险防控的重要手段。

真菌毒素的常规检测方法分为薄层层析法、色谱法、质谱法、荧光光度法、免疫化学检测法等。其中，免疫化学检测法是基于抗体与抗原或半抗原之间的选择性反应而建立起来的一种生物化学分析法，主要包括胶体金免疫层析法和酶联免疫吸附法。胶体金免疫层析法就是以胶体金为显色媒介，利用免疫学中抗原抗体能够特异性结合的原理，在层析过程中完成这一反应，从而达到检测的目的。其技术原理是样品中目标物与胶体金标记的特异性抗体结合，抑制抗体和检测线（T线）上偶联抗原的免疫反应，从而导致检测线颜色深浅的变化，通过检测线与控制线（C线）颜色深浅比较，对样品中目标物进行定性检测。酶联免疫吸附法，又名酶标抗体法，是利用酶标记抗原或抗体以检测相应抗原或抗体的一种免疫学标记技术。其基本原理是使抗原或抗体结合到某种固相载体表面，并保持其免疫活性，而相对应的抗体或抗原与某种酶连接成酶标抗体或抗原，酶标抗体或抗原既保留了免疫活性，可以与固相载体表面的抗原或抗体结合，又保留了酶活性，能够以酶为检测信号。加入酶反应的底物后，底物被酶催化为有色产物，产物的量与受检抗体或抗原的量成比例，故可根据颜色深浅来定性或定量分析。免疫化学检测法由于其快速、灵敏、准确、操作简便、无需贵重仪器设备，但灵敏度略差的特点，适用于食品粮油加工厂、饲料厂、养殖场等企业进行原料或成品的检测以及工商质监部门的现场检测。

现行比较普遍的真菌毒素检测方法就是色谱法和质谱法，真菌毒素检测色谱法是以液相色谱、液相色谱串联质谱等大型分析仪器为基础建立的一类检测方法，利用样品中各组分物质在固定相和流动相中受到的作用力不同的原理，从而对各组分物质进行分离，再根据分离顺序选用适合的检测器对各组分进行定量检测，也是公认的真菌毒素检测的确证方法。色谱-质谱联用是一种高灵敏度、高分辨率、高选择性、高通量的分析方法，但对仪器设备和操作人员的专业程度要求很高，仅限于专业检测机构获得科研和调查分析、监测使用。

本章收录了典型真菌毒素测定的国家标准和行业标准，为农产品质量安全风险监测、筛查及防控提供参考。

第一节　快速检测法

本节内容摘自 GB 5009.22—2016。本节介绍了食品中黄曲霉毒素 B_1 的测定（酶联免疫吸附法）。

1. 原理　试样中的黄曲霉毒素 B_1 用甲醇水溶液提取，经均质、涡旋、离心（过滤）等处理获取上清液。被辣根过氧化物酶标记或固定在反应孔中的黄曲霉毒素 B_1，与试样上清液或标准品中的黄曲霉毒素 B_1 竞争性结合特异性抗体。在洗涤后加入相应显色剂显色，经无机酸终止反应，于 450 nm

或 630 nm 波长下检测。样品中的黄曲霉毒素 B₁ 与吸光度在一定浓度范围内成反比。

2. 试剂和材料　配制溶液所需试剂均为分析纯，水为 GB/T 6682 规定二级水。

按照试剂盒说明书所述，配制所需溶液。

所用商品化的试剂盒验证合格后方可使用。

3. 仪器和设备

（1）微孔板酶标仪：带 450 nm 与 630 nm（可选）滤光片。

（2）研磨机。

（3）振荡器。

（4）电子天平：感量为 0.01 g。

（5）离心机：转速≥6 000 r/min。

（6）快速定量滤纸：孔径 11 μm。

（7）筛网：1～2 mm 孔径。

（8）试剂盒所要求的仪器。

4. 分析步骤

（1）样品前处理。

① 液态样品（油脂和调味品）。取 100 g 待测样品摇匀，称取 5.0 g 样品于 50 mL 离心管中，加入试剂盒所要求提取液，按照试纸盒说明书所述方法进行检测。

② 固态样品（谷物、坚果和特殊膳食用食品）。称取至少 100 g 样品，用研磨机进行粉碎，粉碎后的样品过 1～2 mm 孔径试验筛。取 5.0 g 样品于 50 mL 离心管中，加入试剂盒所要求提取液，按照试纸盒说明书所述方法进行检测。

（2）样品检测。按照酶联免疫试剂盒所述操作步骤对待测试样（液）进行定量检测。

5. 分析结果的表述

（1）酶联免疫试剂盒定量检测的标准工作曲线绘制。按照试剂盒说明书提供的计算方法或者计算机软件，根据标准品浓度与吸光度变化关系绘制标准工作曲线。

（2）待测液浓度计算。按照试剂盒说明书提供的计算方法以及计算机软件，将待测液吸光度代入公式，计算得待测液浓度（ρ）。

（3）结果计算。食品中黄曲霉毒素 B_1 的含量按公式（4-1）计算。

$$X = \frac{\rho \times V \times f}{m} \qquad (4-1)$$

式中：

X ——试样中 AFT B_1 的含量，单位为微克每千克（$\mu g/kg$）；

ρ ——待测液中黄曲霉毒素 B_1 的浓度，单位为微克每升（$\mu g/L$）；

V ——提取液的体积（固态样品为加入提取液的体积，液态样品为样品和提取液的总体积），单位为升（L）；

f ——在前处理过程中的稀释倍数；

m ——试样的称样量，单位为千克（kg）。

计算结果保留小数点后 2 位。

阳性样品需用同位素稀释液相色谱-串联质谱法、高效液相色谱-柱前衍生法或高效液相色谱-柱后衍生法进一步确认。

6. 精密度 每个试样称取 2 份进行平行测定，以其算术平均值为分析结果。其分析结果的相对相差应不大于 20%。

7. 其他 当称取谷物、坚果、油脂、调味品等样品 5 g 时，方法检出限为 1 $\mu g/kg$，定量限为 3 $\mu g/kg$。当称取特殊膳食用食品样品 5 g 时，方法检出限为 0.1 $\mu g/kg$，定量限为 0.3 $\mu g/kg$。

第二节 仪器分析法

一、食品中玉米赤霉烯酮的测定-液相色谱法

本方法摘自 GB/T 5009.209—2016。

1. 原理 用乙腈溶液提取试样中的玉米赤霉烯酮，经免疫亲和柱净化后，用高效液相色谱荧光检测器测定，外标法定量。

2. 试剂和材料 除非另有说明，本方法所用试剂均为分析纯，水为 GB/T 6682 规定的一级水。

（1）试剂。

① 甲醇（CH_3OH）：色谱纯。

② 乙腈（CH_3CN）：色谱纯。

③ 氯化钠（NaCl）。

④ 氯化钾（KCl）。

⑤ 磷酸氢二钠（Na_2HPO_4）。

⑥ 磷酸二氢钾（KH_2PO_4）。

⑦ 吐温-20（$C_{58}H_{114}O_{26}$）。

⑧ 盐酸（HCl）。

（2）试剂配制。

① 提取液：乙腈-水（9+1）。

② PBS清洗缓冲液：称取8.0 g氯化钠、1.2 g磷酸氢二钠、0.2 g磷酸二氢钾、0.2 g氯化钾，用990 mL水将上述试剂溶解，用盐酸调节pH至7.0定容至1 L。

③ PBS/吐温-20缓冲液：称取8.0 g氯化钠、1.2 g磷酸氢二钠、0.2 g磷酸二氢钾、0.2 g氯化钾，用900 mL水将上述试剂溶解，用盐酸调节pH至7.0，加入1 mL吐温-20，用水定容至1 L。

（3）标准品。玉米赤霉烯酮（$C_{18}H_{22}O_5$，CAS号：17924-92-4）：纯度≥98.0%，或经国家认证并授予标准物质证书的标准物质。

（4）标准溶液配制。

① 标准储备液：准确称取适量的标准品（精确至0.000 1 g），用乙腈溶解，配制成浓度为100 μg/mL的标准储备液，-18 ℃以下避光保存。

② 系列标准工作液：根据需要准确吸取适量标准储备液，用流动相稀释，配制成10 ng/mL、50 ng/mL、100 ng/mL、200 ng/mL、500 ng/mL的系列标准工作液，4 ℃避光保存。

（5）材料。

① 玉米赤霉烯酮免疫亲和柱：柱规格1 mL或3 mL，柱容量≥1 500 ng，或等效柱。

② 玻璃纤维滤纸：直径11 cm，孔径1.5 μm，无荧光特性。

3. 仪器和设备

（1）高效液相色谱仪：配有荧光检测器。

（2）高速粉碎机：转速≥12 000 r/min。

（3）均质器：转速≥12 000 r/min。

（4）高速均质器：转速18 000～22 000 r/min。

（5）氮吹仪。

（6）空气压力泵。

（7）玻璃注射器：10 mL。

（8）天平：感量分别为0.000 1 g和0.01 g。

4. 分析步骤

（1）提取。

① 粮食和粮食制品。称取 40.0 g 粉碎试样（精确至 0.1 g）于均质杯中，加入 4 g 氯化钠和 100 mL 提取液，以均质器高速搅拌提取 2 min，定量滤纸过滤。移取 10.0 mL 滤液加入 40 mL 水稀释混匀，经玻璃纤维滤纸过滤至滤液澄清，滤液备用。

② 酱油、醋、酱及酱制品。称取 25.0 g（精确至 0.1 g）混匀的试样，用乙腈定容至 100.0 mL 超声提取 2 min，定量滤纸过滤。移取 10.0 mL 滤液并加入 40 mL 水稀释混匀，经玻璃纤维滤纸过滤至滤液澄清，滤液备用。

③ 大豆、油菜籽、食用植物油。准确称取试样 40.0 g（精确至 0.1 g）（大豆需要磨细且粒度≤2 mm）于均质杯中，加入 4.0 g 氯化钠和 100 mL 提取液，以高速均质器高速搅拌提取 1 min，定量滤纸过滤。移取 10.0 mL 滤液并加入 40 mL 水稀释，经玻璃纤维滤纸过滤至滤液澄清，滤液备用。

④ 酒类。取脱气酒类试样（含二氧化碳的酒类使用前先置于 4 ℃冰箱冷藏 30 min，过滤或超声脱气）或其他不含二氧化碳的酒类试样 20.0 g（精确至 0.1 g）于 50 mL 容量瓶中，用乙腈定容至刻度，摇匀。移取 10.0 mL 滤液并加入 40 mL 水稀释混匀，经玻璃纤维滤纸过滤至滤液澄清，滤液备用。

（2）净化。

① 粮食和粮食制品。将免疫亲和柱连接于玻璃注射器下，准确移取 10.0 mL（相当于 0.8 g 样品）滤液，注入玻璃注射器中。将空气压力泵与玻璃注射器连接，调节压力使溶液以 1～2 滴/s 的流速缓慢通过免疫亲和柱，直至有部分空气进入亲和柱中。用 5 mL 水淋洗柱子 1 次，流速为 1～2 滴/s，直至有部分空气进入亲和柱中，弃去全部流出液。准确加入 1.5 mL 甲醇洗脱，流速约为 1 滴/s。收集洗脱液于玻璃试管中，于 55 ℃以下氮气吹干后，用 1.0 mL 流动相溶解残渣，供液相色谱测定。

② 酱油、醋、酱及酱制品，酒类。将免疫亲和柱连接于玻璃注射器下，准确移取 10.0 mL 滤液，注入玻璃注射器中。将空气压力泵与玻璃注射器相连接，调节压力使溶液以 1～2 滴/s 的流速缓慢通过免疫亲和柱，直至有部分空气进入亲和柱中。依次用 10 mL PBS 清洗缓冲液和 10 mL 水淋洗免疫亲和柱，流速为 1～2 滴/s，直至空气进入亲和柱中，弃去全部流出液。准确加入 1.0 mL 甲醇洗脱，流速约为 1 滴/s。收集洗脱液于玻璃试管中，于 55 ℃以下氮气吹干后，用 1.0 mL 流动相溶解残渣，供液相色谱测定。

③ 大豆、油菜籽、食用植物油。将免疫亲和柱连接于玻璃注射器下，准

确移取 10.0 mL 滤液，注入玻璃注射器中。将空气压力泵与玻璃注射器相连接，调节压力使溶液以 1～2 滴/s 的流速缓慢通过免疫亲和柱，直至有部分空气进入亲和柱中。依次用 10 mL PBS/吐温-20 缓冲液和 10 mL 水淋洗免疫亲和柱，流速为 1～2 滴/s，直至空气进入亲和柱中，弃去全部流出液。准确加入 1.5 mL 甲醇洗脱，流速约为 1 滴/s。收集洗脱液于干净的玻璃试管中，于 55 ℃以下氮气吹干后，用 1.0 mL 流动相溶解残渣，供液相色谱测定。

（3）空白试验。不称取试样，按（1）和（2）的步骤做空白试验。应确认不含有干扰待测组分的物质。

（4）测定。

① 高效液相色谱参考条件。高效液相色谱参考条件如下：

a）色谱柱：C_{18}柱，柱长 150 mm，内径 4.6 mm，粒度 4 μm，或等效柱。

b）流动相：乙腈-水-甲醇（46：46：8，体积比）。

c）流速：1.0 mL/min。

d）检测波长：激发波长 274 nm，发射波长 440 nm。

e）进样量：100 μL。

f）柱温：室温。

② 标准曲线的制作。将系列玉米赤霉烯酮标准工作液按浓度从低到高依次注入高效液相色谱仪，得到相应的峰面积。以目标物质的浓度为横坐标、目标物质的峰面积为纵坐标，绘制标准曲线。

③ 试样溶液的测定。将待测试样溶液注入高效液相色谱仪，得到玉米赤霉烯酮的峰面积。由标准曲线得到试样溶液中玉米赤霉烯酮的浓度。

5. 分析结果的表述 试样中玉米赤霉烯酮的含量按公式（4-2）计算。

$$X = \frac{\rho \times V \times 1000}{m \times 1000} \times f \qquad (4-2)$$

式中：

X ——试样中玉米赤霉烯酮的含量，单位为微克每千克（μg/kg）；

ρ ——试样测定液中玉米赤霉烯酮的浓度，单位为纳克每毫升（ng/mL）；

V ——试样测定液的最终定容体积，单位为毫升（mL）；

1 000——单位换算常数；

m ——试样的称样量，单位为克（g）；

f ——稀释倍数。

计算结果需扣除空白值，保留 2 位有效数字。

6. 精密度 在重复性条件下获得的 2 次独立测定结果的绝对差值不得超

过算术平均值的 15%。

7. 其他 本方法对粮食和粮食制品中玉米赤霉烯酮的检出限为 5 $\mu g/kg$，定量限 17 $\mu g/kg$。酒类中玉米赤霉烯酮的检出限为 20 $\mu g/kg$，定量限为 66 $\mu g/kg$。酱油、醋、酱及酱制品中玉米赤霉烯酮的检出限为 50 $\mu g/kg$，定量限为 165 $\mu g/kg$。大豆、油菜籽、食用植物油中玉米赤霉烯酮的检出限为 10 $\mu g/kg$，定量限 33 $\mu g/kg$。

二、食品中黄曲霉毒素 B 族和 G 族的测定

本方法摘自 GB 5009.22—2016。

（一）方法一 同位素稀释液相色谱-串联质谱法

1. 原理 试样中的黄曲霉毒素 B_1、黄曲霉毒素 B_2、黄曲霉毒素 G_1、黄曲霉毒素 G_2，用乙腈-水溶液或甲醇-水溶液提取，提取液用含 1% Triton X-100（或吐温-20）的磷酸盐缓冲溶液稀释后（必要时，经黄曲霉毒素固相净化柱初步净化），通过免疫亲和柱净化和富集，净化液浓缩、定容和过滤后经液相色谱分离，串联质谱检测，同位素内标法定量。

2. 试剂和材料 除非另有说明，本方法所用试剂均为分析纯，水为 GB/T 6682 规定的一级水。

（1）试剂。

① 乙腈（CH_3CN）：色谱纯。

② 甲醇（CH_3OH）：色谱纯。

③ 乙酸铵（CH_3COONH_4）：色谱纯。

④ 氯化钠（NaCl）。

⑤ 磷酸氢二钠（Na_2HPO_4）。

⑥ 磷酸二氢钾（KH_2PO_4）。

⑦ 氯化钾（KCl）。

⑧ 盐酸（HCl）。

⑨ Triton X-100 [$C_{14}H_{22}O(C_2H_4O)_n$]（或吐温-20，$C_{58}H_{114}O_{26}$）。

（2）试剂配制。

① 乙酸铵溶液（5 mmol/L）：称取 0.39 g 乙酸铵，用水溶解后稀释至 1 000 mL，混匀。

② 乙腈-水溶液（84+16）：取 840 mL 乙腈，加入 160 mL 水，混匀。

③ 甲醇-水溶液（70+30）：取 700 mL 甲醇，加入 300 mL 水，混匀。

④ 乙腈-水溶液（50＋50）：取 50 mL 乙腈，加入 50 mL 水，混匀。

⑤ 乙腈-甲醇溶液（50＋50）：取 50 mL 乙腈，加入 50 mL 甲醇，混匀。

⑥ 10％盐酸溶液：取 1 mL 盐酸，用纯水稀释至 10 mL，混匀。

⑦ 磷酸盐缓冲溶液（以下简称 PBS）：称取 8.00 g 氯化钠、1.20 g 磷酸氢二钠（或 2.92 g＋二水磷酸氢二钠）、0.20 g 磷酸二氢钾、0.20 g 氯化钾，用 900 mL 水溶解，用盐酸调节 pH 至 7.4±0.1，加水稀释至 1 000 mL。

⑧ 1％Triton X-100（或吐温-20）的 PBS：取 10 mL Triton X-100（或吐温-20），用 PBS 稀释至 1 000 mL。

（3）标准品。

① AFT B$_1$ 标准品（C$_{17}$H$_{12}$O$_6$，CAS 号：1162-65-8）：纯度≥98％，或经国家认证并授予标准物质证书的标准物质。

② AFT B$_2$ 标准品（C$_{17}$H$_{14}$O$_6$，CAS 号：7220-81-7）：纯度≥98％，或经国家认证并授予标准物质证书的标准物质。

③ AFT G$_1$ 标准品（C$_{17}$H$_{12}$O$_7$，CAS 号：1165-39-5）：纯度≥98％，或经国家认证并授予标准物质证书的标准物质。

④ AFT G$_2$ 标准品（C$_{17}$H$_{14}$O$_7$，CAS 号：7241-98-7）：纯度≥98％，或经国家认证并授予标准物质证书的标准物质。

⑤ 同位素内标^{13}C$_{17}$-AFT B$_1$（C$_{17}$H$_{12}$O$_6$，CAS 号：1217449-45-0）：纯度≥98％，浓度为 0.5 μg/mL。

⑥ 同位素内标^{13}C$_{17}$-AFT B$_2$（C$_{17}$H$_{14}$O$_6$，CAS 号：1217470-98-8）：纯度≥98％，浓度为 0.5 μg/mL。

⑦ 同位素内标^{13}C$_{17}$-AFT G$_1$（C$_{17}$H$_{12}$O$_7$，CAS 号：1217444-07-9）：纯度≥98％，浓度为 0.5 μg/mL。

⑧ 同位素内标^{13}C$_{17}$-AFT G$_2$（C$_{17}$H$_{14}$O$_7$，CAS 号：1217462-49-1）：纯度≥98％，浓度为 0.5 μg/mL。

注：标准物质可以使用满足溯源要求的商品化标准溶液。

（4）标准溶液配制。

① 标准储备溶液（10 μg/mL）：分别称取 AFTB$_1$、AFTB$_2$、AFT G$_1$ 和 AFT G$_2$ 1 mg（精确至 0.01 mg），用乙腈溶解并定容至 100 mL。此溶液浓度约为 10 μg/mL。溶液转移至试剂瓶中后，在−20 ℃下避光保存，备用。临用前进行浓度校准。

② 混合标准工作液（100 ng/mL）：准确移取混合标准储备溶液（1.0 μg/mL）1.00 mL 至 100 mL 容量瓶中，乙腈定容。此溶液密封后避光−20 ℃下保存，

3 个月内有效。

③ 混合同位素内标工作液（100 ng/mL）：准确移取 0.5 μg/mL $^{13}C_{17}$-AFT B_1、$^{13}C_{17}$-AFT B_2、$^{13}C_{17}$-AFT G_1 和 $^{13}C_{17}$-AFT G_2 各 2.00 mL，用乙腈定容至 10 mL。在 $-20\ ℃$ 下避光保存，备用。

④ 标准系列工作溶液：准确移取混合标准工作液（100 ng/mL）10 μL、50 μL、100 μL、200 μL、500 μL、800 μL、1 000 μL 至 10 mL 容量瓶中，加入 200 μL 100 ng/mL 的同位素内标工作液，用初始流动相定容至刻度，配制浓度点为 0.1 ng/mL、0.5 ng/mL、1.0 ng/mL、2.0 ng/mL、5.0 ng/mL、8.0 ng/mL、10.0 ng/mL 的系列标准溶液。

3. 仪器和设备

（1）匀浆机。

（2）高速粉碎机。

（3）组织捣碎机。

（4）超声波/涡旋振荡器或摇床。

（5）天平：感量分别为 0.01 g 和 0.000 01 g。

（6）涡旋混合器。

（7）高速均质器：转速 6 500～24 000 r/min。

（8）离心机：转速≥6 000 r/min。

（9）玻璃纤维滤纸：快速、高载量、液体中颗粒保留 1.6 μm。

（10）固相萃取装置（带真空泵）。

（11）氮吹仪。

（12）液相色谱-串联质谱仪：带电喷雾离子源。

（13）液相色谱柱。

（14）免疫亲和柱：AFT B_1 柱容量≥200 ng，AFT B_1 柱回收率≥80%，AFT G_2 的交叉反应率≥80%（验证方法参见 GB 5009.22—2016 附录 B）。

注：对于不同批次的亲和柱在使用前需进行质量验证。

（15）黄曲霉毒素专用型固相萃取净化柱或功能相当的固相萃取柱（以下简称净化柱）：对复杂基质样品测定时使用。

（16）微孔滤头：带 0.22 μm 微孔滤膜（所选用滤膜应采用标准溶液检验确认无吸附现象，方可使用）。

（17）筛网：1～2 mm 试验筛孔径。

（18）pH 计。

4. 分析步骤 使用不同厂商的免疫亲和柱，在样品上样、淋洗和洗脱的操作方面可能会略有不同，应该按照供应商所提供的操作说明书要求进行操作。

警示：整个分析操作过程应在指定区域内进行。该区域应避光（直射阳光）、具备相对独立的操作台和废弃物存放装置。在整个实验过程中，操作者应按照接触剧毒物的要求采取相应的保护措施。

（1）样品制备。固体样品（谷物及其制品、坚果及籽类）采样量需大于1 kg，用高速粉碎机将其粉碎，过筛，使其粒径小于2 mm孔径试验筛，混合均匀后缩分至100 g，储存于样品瓶中，密封保存，供检测用。

（2）样品提取。称取5 g试样（精确至0.01 g）于50 mL离心管中，加入100 μL同位素内标工作液振荡混合后静置30 min。加入20.0 mL乙腈-水溶液（84+16）或甲醇-水溶液（70+30），涡旋混匀，置于超声波/涡旋振荡器或摇床中振荡20 min（或用均质器均质3 min），在6 000 r/min下离心10 min（或均质后玻璃纤维滤纸过滤），取上清液备用。

（3）样品净化。

① 免疫亲和柱净化。

a）上样液的准备。准确移取4 mL上清液，加入46 mL 1%Trition X-100（或吐温-20）的PBS（使用甲醇-水溶液提取时，可减半加入），混匀。

b）免疫亲和柱的准备。将低温下保存的免疫亲和柱恢复至室温。

c）试样的净化。待免疫亲和柱内原有液体流尽后，将上述样液移至50 mL注射器筒中，调节下滴速度，控制样液以1～3 mL/min的速度稳定下滴。待样液滴完后，往注射器筒内加入2×10 mL水，以稳定流速淋洗免疫亲和柱。待水滴完后，用真空泵抽干亲和柱。脱离真空系统，在亲和柱下部放置10 mL刻度试管，取下50 mL的注射器筒，加入2×1 mL甲醇洗脱亲和柱，控制1～3 mL/min的速度下滴，再用真空泵抽干亲和柱，收集全部洗脱液至试管中。在50 ℃下用氮气缓缓地将洗脱液吹至近干，加入1.0 mL初始流动相，涡旋30 s溶解残留物，0.22 μm滤膜过滤，收集滤液于进样瓶中以备进样。

② 黄曲霉毒素固相净化柱和免疫亲和柱同时使用（对花椒、胡椒和辣椒等复杂基质）。

a）净化柱净化。移取适量上清液，按净化柱操作说明进行净化，收集全部净化液。

b）免疫亲和柱净化。用刻度移液管准确吸取上述净化液4 mL，加入46 mL 1% Trition X-100（或吐温-20）的PBS [使用甲醇-水溶液提取时，加入

23 mL 1% Trition X-100（或吐温-20）的 PBS]，混匀。按（3）中 b）和 c）处理。

注：全自动（在线）或半自动（离线）的固相萃取仪器可优化操作参数后使用。

（4）液相色谱参考条件。液相色谱参考条件如下：

a）流动相：A 相为 5 mmol/L 乙酸铵溶液；B 相为乙腈-甲醇溶液（50+50）。

b）梯度洗脱：32%B（0~0.5 min），45%B（3~4 min），100%B（4.2~4.8 min），32%B（5.0~7.0 min）。

c）色谱柱：C_{18}柱（柱长 100 mm，柱内径 2.1 mm；填料粒径 1.7 μm），或相当者。

d）流速：0.3 mL/min。

e）柱温：40 ℃。

f）进样体积：10 μL。

（5）质谱参考条件。质谱参考条件如下：

a）检测方式：多离子反应监测（MRM）。

b）离子源控制条件：见表 4-1。

表 4-1　离子源控制条件

电离方式	ESI$^+$
毛细管电压（kV）	3.5
锥孔电压（V）	30
射频透镜 1 电压（V）	14.9
射频透镜 2 电压（V）	15.1
离子源温度（℃）	150
锥孔反吹气流量（L/h）	50
脱溶剂气温度（℃）	500
脱溶剂气流量（L/h）	800
电子倍增电压（V）	650

c）离子选择参数：见表 4-2。

d）子离子扫描图：参见 GB 5009.22—2016 附录 C 中的图 C.1 至图 C.8。

e）液相色谱-质谱图：参见 GB 5009.22—2016 附录 C 中的图 C.9。

表 4 - 2　离子选择参数

化合物名称	母离子 (m/z)	定量离子 (m/z)	碰撞能量 (eV)	定性离子 (m/z)	碰撞能量 (eV)	离子化方式
AFT B_1	313	285	22	241	38	ESI+
$^{13}C_{17}$- AFT B_1	330	255	23	301	35	ESI+
AFT B_2	315	287	25	259	28	ESI+
$^{13}C_{17}$- AFT B_2	332	303	25	273	28	ESI+
AFT G_1	329	243	25	283	25	ESI+
$^{13}C_{17}$- AFT G_1	346	257	25	299	25	ESI+
AFT G_2	331	245	30	285	27	ESI+
$^{13}C_{17}$- AFT G_2	348	259	30	301	27	ESI+

（6）定性测定。试样中目标化合物色谱峰的保留时间与相应标准色谱峰的保留时间相比较，变化范围应在±2.5%之内。

每种化合物的质谱定性离子必须出现，至少应包括 1 个母离子和 2 个子离子，而且同一检测批次，对同一化合物，样品中目标化合物的 2 个子离子的相对丰度比与浓度相当的标准溶液相比，其允许偏差不超过表 4 - 3 规定的范围。

表 4 - 3　定性时相对离子丰度的最大允许偏差

相对离子丰度（%）	>50	>20 至 50	>10 至 20	≤10
允许相对偏差（%）	±20	±25	±30	±50

（7）标准曲线的制作。在（4）、（5）的液相色谱串联质谱仪分析条件下，将标准系列溶液由低到高浓度进样检测，以 AFT B_1、AFT B_2、AFT G_1 和 AFT G_2 色谱峰与各对应内标色谱峰的峰面积比值-浓度作图，得到标准曲线回归方程，其线性相关系数应大于 0.99。

（8）试样溶液的测定。取（3）处理得到的待测溶液进样，内标法计算待测液中目标物质的质量浓度，计算样品中待测物的含量。待测样液中的响应值应在标准曲线线性范围内，超过线性范围则应适当减少取样量重新测定。

（9）空白试验。不称取试样，按（2）和（3）的步骤做空白试验。应确认不含有干扰待测组分物质。

5. 分析结果的表述　试样中 AFT B_1、AFT B_2、AFT G_1 和 AFT G_2 的残留量按公式（4 - 3）计算。

$$X = \frac{\rho \times V_1 \times V_3 \times 1000}{V_2 \times m \times 1000} \tag{4 - 3}$$

式中：

X ——试样中 AFT B_1、AFT B_2、AFT G_1 或 AFT G_2 的含量，单位为微克每千克（$\mu g/kg$）；

ρ ——进样溶液中 AFT B_1、AFT B_2、AFT G_1 或 AFT G_2 按照内标法在标准曲线中对应的浓度，单位为纳克每毫升（ng/mL）；

V_1 ——试样提取液的体积（植物油脂、固体、半固体按加入的提取液体积；酱油、醋按定容总体积），单位为毫升（mL）；

V_3 ——样品经净化洗脱后的最终定容体积，单位为毫升（mL）；

$1\,000$ ——换算系数；

V_2 ——用于净化分取的样品体积，单位为毫升（mL）；

m ——试样的称样量，单位为克（g）。

计算结果保留 3 位有效数字。

6. 精密度 在重复性条件下获得的 2 次独立测定结果的绝对差值不得超过算术平均值的 20%。

7. 其他 当称取样品 5 g 时，AFT B_1 的检出限为 0.03 $\mu g/kg$，AFT B_2 的检出限为 0.03 $\mu g/kg$，AFT G_1 的检出限为 0.03 $\mu g/kg$，AFT G_2 的检出限为 0.03 $\mu g/kg$；AFT B_1 的定量限为 0.1 $\mu g/kg$，AFT B_2 的定量限为 0.1 $\mu g/kg$，AFT G_1 的定量限为 0.1 $\mu g/kg$，AFT G_2 的定量限为 0.1 $\mu g/kg$。

（二）方法二 高效液相色谱-柱前衍生法

1. 原理 试样中的黄曲霉毒素 B_1、黄曲霉毒素 B_2、黄曲霉毒素 G_1、黄曲霉毒素 G_2，用乙腈-水溶液或甲醇-水溶液的混合溶液提取，提取液经黄曲霉毒素固相净化柱净化去除脂肪、蛋白质、色素及碳水化合物等干扰物质，净化液用三氟乙酸柱前衍生，液相色谱分离，荧光检测器检测，外标法定量。

2. 试剂和材料 除非另有说明，本方法所用试剂均为分析纯，水为 GB/T 6682 规定的一级水。

（1）试剂。

① 甲醇（CH_3OH）：色谱纯。

② 乙腈（CH_3CN）：色谱纯。

③ 正己烷（C_6H_{14}）：色谱纯。

④ 三氟乙酸（CF_3COOH）。

（2）试剂配制。

① 乙腈-水溶液（84＋16）：取 840 mL 乙腈，加入 160 mL 水。

② 甲醇-水溶液（70+30）：取 700 mL 甲醇，加入 300 mL 水。

③ 乙腈-水溶液（50+50）：取 500 mL 乙腈，加入 500 mL 水。

④ 乙腈-甲醇溶液（50+50）：取 500 mL 乙腈，加入 500 mL 甲醇。

（3）标准品。

① AFT B_1 标准品（$C_{17}H_{12}O_6$，CAS 号：1162-65-8）：纯度≥98%，或经国家认证并授予标准物质证书的标准物质。

② AFT B_2 标准品（$C_{17}H_{14}O_6$，CAS 号：7220-81-7）：纯度≥98%，或经国家认证并授予标准物质证书的标准物质。

③ AFT G_1 标准品（$C_{17}H_{12}O_7$，CAS 号：1165-39-5）：纯度≥98%，或经国家认证并授予标准物质证书的标准物质。

④ AFT G_2 标准品（$C_{17}H_{14}O_7$，CAS 号：7241 98-7）：纯度≥98%，或经国家认证并授予标准物质证书的标准物质。

注：标准物质可以使用满足溯源要求的商品化标准溶液。

（4）标准溶液配制。

① 标准储备溶液（10 μg/mL）：分别称取 AFT B_1、AFT B_2、AFT G_1 和 AFT G_2 1 mg（精确至 0.01 mg），用乙腈溶解并定容至 100 mL。此溶液浓度约为 10 μg/mL。溶液转移至试剂瓶中后，在－20 ℃下避光保存，备用。临用前进行浓度校准。

② 混合标准工作液（AFT B_1 和 AFT G_1：100 ng/mL，AFT B_2 和 AFT G_2：30 ng/mL）：准确移取 AFT B_1 和 AFT G_1 标准储备溶液各 1 mL，AFT B_2 和 AFT G_2 标准储备溶液各 300 μL 至 100 mL 容量瓶中，乙腈定容。密封后避光－20 ℃下保存，3 个月内有效。

③ 标准系列工作溶液：分别准确移取混合标准工作液 10 μL、50 μL、200 μL、500 μL、1 000 μL、2 000 μL、4 000 μL 至 10 mL 容量瓶中，用初始流动相定容至刻度（含 AFT B_1 和 AFT G_1 浓度为 0.1 ng/mL、0.5 ng/mL、2.0 ng/mL、5.0 ng/mL、10.0 ng/mL、20.0 ng/mL、40.0 ng/mL，AFT B_2 和 AFT G_2 浓度为 0.03 ng/mL、0.15 ng/mL、0.6 ng/mL、1.5 ng/mL、3.0 ng/mL、6.0 ng/mL、12 ng/mL 的系列标准溶液）。

3. 仪器和设备

（1）匀浆机。

（2）高速粉碎机。

（3）组织捣碎机。

（4）超声波/涡旋振荡器或摇床。

（5）天平：感量分别为 0.01 g 和 0.000 01 g。

（6）涡旋混合器。

（7）高速均质器：转速 6 500～24 000 r/min。

（8）离心机：转速≥6 000 r/min。

（9）玻璃纤维滤纸：快速、高载量、液体中颗粒保留 1.6 μm。

（10）氮吹仪。

（11）液相色谱仪：配荧光检测器。

（12）色谱分离柱。

（13）黄曲霉毒素专用型固相萃取净化柱（以下简称净化柱），或相当者。

（14）一次性微孔滤头：带 0.22 μm 微孔滤膜（所选用滤膜应采用标准溶液检验确认无吸附现象，方可使用）。

（15）筛网：1～2 mm 试验筛孔径。

（16）恒温箱。

（17）pH 计。

4. 分析步骤

（1）样品制备。固体样品（谷物及其制品、坚果及籽类等）采样量需大于 1 kg，用高速粉碎机将其粉碎，过筛，使其粒径小于 2 mm 孔径试验筛，混合均匀后缩分至 100 g，储存于样品瓶中，密封保存，供检测用。

（2）样品提取。固体样品（谷物及其制品、坚果及籽类等）称取 5 g 试样（精确至 0.01 g）于 50 mL 离心管中，加入 20.0 mL 乙腈-水溶液（84＋16）或甲醇-水溶液（70＋30），涡旋混匀，置于超声波/涡旋振荡器或摇床中振荡 20 min（或用均质器均质 3 min），在 6 000 r/min 下离心 10 min（或均质后玻璃纤维滤纸过滤），取上清液备用。

（3）样品黄曲霉毒素固相净化柱净化。移取适量上清液，按净化柱操作说明进行净化，收集全部净化液。

（4）衍生。用移液管准确吸取 4.0 mL 净化液于 10 mL 离心管后在 50 ℃下用氮气缓缓地吹至近干，分别加入 200 μL 正己烷和 100 μL 三氟乙酸，涡旋 30 s，在（40±1）℃的恒温箱中衍生 15 min，衍生结束后，在 50 ℃下用氮气缓缓地将衍生液吹至近干，用初始流动相定容至 1.0 mL，涡旋 30 s 溶解残留物，过 0.22 μm 滤膜，收集滤液于进样瓶中以备进样。

（5）色谱参考条件。色谱参考条件如下：

a）流动相：A 相为水，B 相为乙腈-甲醇溶液（50＋50）。

b）梯度洗脱：24％B（0～6 min），35％B（8.0～10.0 min），100％B

（10.2～11.2 min），24%B（11.5～13.0 min）。

　c）色谱柱：C_{18}柱（柱长 150 mm 或 250 mm，柱内径 4.6 mm，填料粒径 5.0 μm），或相当者。

　d）流速：1.0 mL/min。

　e）柱温：40 ℃。

　f）进样体积：50 μL。

　g）检测波长：激发波长 360 nm；发射波长 440 nm。

（6）样品测定。

① 标准曲线的制作。系列标准工作溶液由低到高浓度依次进样检测，以峰面积为纵坐标、浓度为横坐标作图，得到标准曲线回归方程。

② 试样溶液的测定。待测样液中待测化合物的响应值应在标准曲线线性范围内，浓度超过线性范围的样品则应稀释后重新进样分析。

③ 空白试验。不称取试样，按（2）、（3）和（4）的步骤做空白试验。应确认不含有干扰待测组分的物质。

5. 分析结果的表述　试样中 AFT B_1、AFT B_2、AFT G_1 和 AFT G_2 的残留量按公式（4-4）计算。

$$X = \frac{\rho \times V_1 \times V_3 \times 1000}{V_2 \times m \times 1000} \qquad (4-4)$$

式中：

X　　——试样中 AFTB$_1$、AFTB$_2$、AFTG$_1$ 或 AFTG$_2$ 的含量，单位为微克每千克（μg/kg）；

ρ　　——进样溶液中 AFT B_1、AFT B_2、AFT G_1 或 AFT G_2 按照外标法在标准曲线中对应的浓度，单位为纳克每毫升（ng/mL）；

V_1　——试样提取液的体积（植物油脂、固体、半固体按加入的提取液体积；酱油、醋按定容总体积），单位为毫升（mL）；

V_3　——净化液的最终定容体积，单位为毫升（mL）；

1 000——换算系数；

V_2　——净化柱净化后的取样液体积，单位为毫升（mL）；

m　　——试样的称样量，单位为克（g）。

计算结果保留 3 位有效数字。

6. 精密度　在重复性条件下获得的 2 次独立测定结果的绝对差值不得超过算术平均值的 20%。

7. 其他　当称取样品 5 g 时，柱前衍生法的 AFT B_1 的检出限为 0.03 μg/kg，

AFT B_2 的检出限为 $0.03~\mu g/kg$，AFT G_1 的检出限为 $0.03~\mu g/kg$，AFT G_2 的检出限为 $0.03~\mu g/kg$；柱前衍生法的 AFT B_1 的定量限为 $0.1~\mu g/kg$，AFT B_2 的定量限为 $0.1~\mu g/kg$，AFT G_1 的定量限为 $0.1~\mu g/kg$，AFT G_2 的定量限为 $0.1~\mu g/kg$。

（三）高效液相色谱-柱后衍生法

1. 原理　试样中的黄曲霉毒素 B_1、黄曲霉毒素 B_2、黄曲霉毒素 G_1、黄曲霉毒素 G_2，用乙腈-水溶液或甲醇-水溶液的混合溶液提取，提取液经免疫亲和柱净化和富集，净化液浓缩、定容和过滤后经液相色谱分离，柱后衍生（碘或溴试剂衍生、光化学衍生、电化学衍生等），经荧光检测器检测，外标法定量。

2. 试剂和材料　除非另有说明，本方法所用试剂均为分析纯，水为 GB/T 6682 规定的一级水。

（1）试剂。

① 甲醇（CH_3OH）：色谱纯。

② 乙腈（CH_3CN）：色谱纯。

③ 氯化钠（$NaCl$）。

④ 磷酸氢二钠（Na_2HPO_4）。

⑤ 磷酸二氢钾（KH_2PO_4）。

⑥ 氯化钾（KCl）。

⑦ 盐酸（HCl）。

⑧ Triton X-100 $[C_{14}H_{22}O~(C_2H_4O)_n]$（或吐温-20，$C_{58}H_{114}O_{26}$）。

⑨ 碘衍生使用试剂：碘（I_2）。

⑩ 溴衍生使用试剂：三溴化吡啶（$C_5H_6Br_3N_2$）。

⑪ 电化学衍生使用试剂：溴化钾（KBr）、浓硝酸（HNO_3）。

（2）试剂配制。

① 乙腈-水溶液（84+16）：取 840 mL 乙腈，加入 160 mL 水。

② 甲醇-水溶液（70+30）：取 700 mL 甲醇，加入 300 mL 水。

③ 乙腈-水溶液（50+50）：取 500 mL 乙腈，加入 500 mL 水。

④ 乙腈-水溶液（10+90）：取 100 mL 乙腈，加入 900 mL 水。

⑤ 乙腈-甲醇溶液（50+50）：取 500 mL 乙腈，加入 500 mL 甲醇。

⑥ 磷酸盐缓冲溶液（以下简称 PBS）：称取 8.00 g 氯化钠、1.20 g 磷酸氢二钠（或 2.92 g 十二水磷酸氢二钠）、0.20 g 磷酸二氢钾、0.20 g 氯化钾，用

900 mL 水溶解，用盐酸调节 pH 至 7.4，用水定容至 1 000 mL。

⑦ 1‰ Triton X - 100（或吐温-20）的 PBS：取 10 mL Triton X - 100，用 PBS 定容至 1 000 mL。

⑧ 0.05‰碘溶液：称取 0.1 g 碘，用 20 mL 甲醇溶解，加水定容至 200 mL，用 0.45 μm 的滤膜过滤，现配现用（仅碘柱后衍生法使用）。

⑨ 5 mg/L 三溴化吡啶水溶液：称取 5 mg 三溴化吡啶溶于 1 L 水中，用 0.45 μm 的滤膜过滤，现配现用（仅溴柱后衍生法使用）。

（3）标准品。

① AFT B_1 标准品（$C_{17}H_{12}O_6$，CAS 号：1162 - 65 - 8）：纯度≥98%，或经国家认证并授予标准物质证书的标准物质。

② AFT B_2 标准品（$C_{17}H_{14}O_6$，CAS 号：7220 - 81 - 7）：纯度≥98%，或经国家认证并授予标准物质证书的标准物质。

③ AFT G_1 标准品（$C_{17}H_{12}O_7$，CAS 号：1165 - 39 - 5）：纯度≥98%，或经国家认证并授予标准物质证书的标准物质。

④ AFT G_2 标准品 $C_{17}H_{14}O_7$，CAS 号：7241 - 98 - 7）：纯度≥98%，或经国家认证并授予标准物质证书的标准物质。

注：标准物质可以使用满足溯源要求的商品化标准溶液。

（4）标准溶液配制。

① 标准储备溶液（10 μg/mL）：分别称取 AFT B_1、AFT B_2、AFT G_1 和 AFT G_2 1 mg（精确至 0.01 mg），用乙腈溶解并定容至 100 mL。此溶液浓度约为 10 μg/mL。溶液转移至试剂瓶中后，在−20 ℃下避光保存，备用。

② 混合标准工作液（AFT B_1 和 AFT G_1：100 ng/mL，AFT B_2 和 AFT G_2：30 ng/mL）：准确移取 AFT B_1 和 AFT G_1 标准储备溶液各 1 mL，AFT B_2 和 AFT G_2 标准储备溶液各 300 μL 至 100 mL 容量瓶中，乙腈定容。密封后避光−20 ℃下保存，3 个月内有效。

③ 标准系列工作溶液：分别准确移取混合标准工作液 10 μL、50 μL、200 μL、500 μL、1 000 μL、2 000 μL、4 000 μL 至 10 mL 容量瓶中，用初始流动相定容至刻度（含 AFT B_1 和 AFT G_1 浓度为 0.1 ng/mL、0.5 ng/mL、2.0 ng/mL、5.0 ng/mL、10.0 ng/mL、20.0 ng/mL、40.0 ng/mL，AFT B_2 和 AFT G_2 浓度为 0.03 ng/mL、0.15 ng/mL、0.6 ng/mL、1.5 ng/mL、3.0 ng/mL、6.0 ng/mL、12 ng/mL 的系列标准溶液）。

3. 仪器和设备

（1）匀浆机。

（2）高速粉碎机。

（3）组织捣碎机。

（4）超声波/涡旋振荡器或摇床。

（5）天平：感量分别为 0.01 g 和 0.000 01 g。

（6）涡旋混合器。

（7）高速均质器：转速 6 500～24 000 r/min。

（8）离心机：转速≥6 000 r/min。

（9）玻璃纤维滤纸：快速、高载量、液体中颗粒保留 1.6 μm。

（10）固相萃取装置（带真空泵）。

（11）氮吹仪。

（12）液相色谱仪：配荧光检测器（带一般体积流动池或者大体积流通池）。

注：当带大体积流通池时，不需要再使用任何型号或任何方式的柱后衍生器。

（13）液相色谱柱。

（14）光化学柱后衍生器（适用于光化学柱后衍生法）。

（15）溶剂柱后衍生装置（适用于碘或溴试剂衍生法）。

（16）电化学柱后衍生器（适用于电化学柱后衍生法）。

（17）免疫亲和柱：AFT B_1 柱容量≥200 ng，AFT B_1 柱回收率≥80%，AFT G_2 的交叉反应率≥80%。

注：对于每个批次的亲和柱使用前需质量验证。

（18）黄曲霉毒素固相净化柱或功能相当的固相萃取柱（以下简称净化柱）：对复杂基质样品测定时使用。

（19）一次性微孔滤头：带 0.22 μm 微孔滤膜（所选用滤膜应采用标准溶液检验确认无吸附现象，方可使用）。

（20）筛网：1～2 mm 试验筛孔径。

4. 分析步骤　使用不同厂商的免疫亲和柱，在样品的上样、淋洗和洗脱的操作方面可能略有不同，应该按照供应商所提供的操作说明书要求进行操作。

警示：整个分析操作过程应在指定区域内进行。该区域应避光（直射阳光）、具备相对独立的操作台和废弃物存放装置。在整个实验过程中，操作者应按照接触剧毒物的要求采取相应的保护措施。

（1）样品制备。同高效液相色谱-柱前衍生法中的样品制备。

（2）样品提取。同高效液相色谱-柱前衍生法中的样品提取。

（3）样品净化。

① 免疫亲和柱净化。

a）上样液的准备。准确移取 4 mL 上述上清液，加入 46 mL 1% Triton X-100（或吐温-20）的 PBS（使用甲醇-水溶液提取时，可减半加入），混匀。

b）免疫亲和柱的准备。将低温下保存的免疫亲和柱恢复至室温。

c）试样的净化。免疫亲和柱内的液体放弃后，将上述样液移至 50 mL 注射器筒中，调节下滴速度，控制样液以 1～3 mL/min 的速度稳定下滴。待样液滴完后，往注射器筒内加入 2×10 mL 水，以稳定流速淋洗免疫亲和柱。待水滴完后，用真空泵抽干亲和柱。脱离真空系统，在亲和柱下部放置 10 mL 刻度试管，取下 50 mL 的注射器筒，2×1 mL 甲醇洗脱亲和柱，控制 1～3 mL/min 的速度下滴，再用真空泵抽十亲和柱，收集全部洗脱液至试管中。在 50 ℃下用氮气缓缓地将洗脱液吹至近干，用初始流动相定容至 1.0 mL，涡旋 30 s 溶解残留物，0.2 μm 滤膜过滤，收集滤液于进样瓶中以备进样。

② 黄曲霉毒素固相净化柱和免疫亲和柱同时使用（对花椒、胡椒和辣椒等复杂基质）。

a）净化柱净化。移取适量上清液，按净化柱操作说明进行净化，收集全部净化液。

b）免疫亲和柱净化。用刻度移液管准确吸取上部净化液 4 mL，加入 46 mL 1% Triton X-100（或吐温-20）的 PBS（使用甲醇-水溶液提取时，可减半加入），混匀。

注：全自动（在线）或半自动（离线）的固相萃取仪器可优化操作参数后使用。

（4）液相色谱参考条件。

① 无衍生器法（大流通池直接检测）。液相色谱参考条件如下：

a）流动相：A 相为水；B 相为乙腈-甲醇（50+50）。

b）等梯度洗脱条件：A，65%；B，35%。

c）色谱柱：C_{18} 柱（柱长 100 mm，柱内径 2.1 mm，填料粒径 1.7 μm），或相当者。

d）流速：0.3 mL/min。

e）柱温：40 ℃。

f）进样量：10 μL。

g）激发波长：365 nm；发射波长：436 nm（AFT B_1、AFT B_2），463 nm

(AFT G$_1$、AFT G$_2$)。

h) 液相色谱图参见 GB 5009.22—2016 附录 D 中的图 D.2。

② 柱后光化学衍生法。液相色谱参考条件如下：

a) 流动相：A 相为水；B 相为乙腈-甲醇（50+50）。

b) 等梯度洗脱条件：A，68%；B，32%。

c) 色谱柱：C$_{18}$柱（柱长 150 mm 或 250 mm，柱内径 4.6 mm，填料粒径 5 μm），或相当者。

d) 流速：1.0 mL/min。

e) 柱温：40 ℃。

f) 进样量：50 μL。

g) 光化学柱后衍生器。

h) 激发波长：360 nm；发射波长：440 nm。

i) 液相色谱图参见 GB 5009.22—2016 附录 D 中的图 D.3。

③ 柱后碘衍生法。液相色谱参考条件如下：

a) 流动相：A 相为水；B 相为乙腈-甲醇（50+50）。

b) 等梯度洗脱条件：A，68%；B，32%。

c) 色谱柱：C$_{18}$柱（柱长 150 mm 或 250 mm，柱内径 4.6 mm，填料粒径 5 μm），或相当者。

d) 流速：1.0 mL/min。

e) 柱温：40 ℃。

f) 进样量：50 μL。

g) 柱后衍生化系统。

h) 衍生溶液：0.05%碘溶液。

i) 衍生溶液流速：0.2 mL/min。

j) 衍生反应管温度：70 ℃。

k) 激发波长：360 nm；发射波长：440 nm。

l) 液相色谱图参见 GB 5009.22—2016 附录 D 中的图 D.4。

④ 柱后溴衍生法。液相色谱参考条件如下：

a) 流动相：A 相为水；B 相为乙腈-甲醇（50+50）。

b) 等梯度洗脱条件：A，68%；B，32%。

c) 色谱柱：C$_{18}$柱（柱长 150 mm 或 250 mm，柱内径 4.6 mm，填料粒径 5 μm），或相当者。

d) 流速：1.0 mL/min。

e）色谱柱柱温：40 ℃。

f）进样量：50 μL。

g）柱后衍生系统。

h）衍生溶液：5 mg/L 三溴化吡啶水溶液。

i）衍生溶液流速：0.2 mL/min。

j）衍生反应管温度：70 ℃。

k）激发波长：360 nm；发射波长：440 nm。

l）液相色谱图参见 GB 5009.22—2016 附录 D 中的图 D.5。

⑤柱后电化学衍生法。液相色谱参考条件如下：

a）流动相：A 相为水（1 L 水中含 119 mg 溴化钾，350 μL 4 mol/L 硝酸）；B 相为甲醇。

b）等梯度洗脱条件：A，60%；B，40%。

c）色谱柱：C_{18}柱（柱长 150 mm 或 250 mm，柱内径 4.6 mm，填料粒径 5 μm），或相当者。

d）柱温：40 ℃。

e）流速：1.0 mL/min。

f）进样量：50 μL。

g）电化学柱后衍生器：反应池工作电流 100 μA；1 根 PEEK 反应管路（长度 50 cm，内径 0.5 mm）。

h）激发波长：360 nm；发射波长：440 nm。

i）液相色谱图参见 GB 5009.22—2016 附录 D 中的图 D.6。

（5）样品测定。

①标准曲线的制作。系列标准工作溶液由低到高浓度依次进样检测，以峰面积为纵坐标、浓度为横坐标作图，得到标准曲线回归方程。

②试样溶液的测定。待测样液中待测化合物的响应值应在标准曲线线性范围内，浓度超过线性范围的样品，则应稀释后重新进样分析。

③空白试验。不称取试样，按（3）、（4）和（5）的步骤做空白试验。应确认不含有干扰待测组分的物质。

5. 分析结果的表述　试样中 AFT B_1、AFT B_2、AFT G_1 和 AFT G_2 的残留量按公式（4-5）计算。

$$X = \frac{\rho \times V_1 \times V_3 \times 1000}{V_2 \times m \times 1000} \tag{4-5}$$

式中：

X ——试样中 AFTB$_1$、AFTB$_2$、AFTG$_1$ 或 AFTG$_2$ 的含量，单位为微克每千克（μg/kg）；

ρ ——进样溶液中 AFT B$_1$、AFT B$_2$、AFT G$_1$ 或 AFT G$_2$ 按照外标法在标准曲线中对应的浓度，单位为纳克每毫升（ng/mL）；

V_1 ——试样提取液的体积（植物油脂、固体、半固体按加入的提取液体积；酱油、醋按定容总体积），单位为毫升（mL）；

V_3 ——样品经免疫亲和柱净化洗脱后的最终定容体积，单位为毫升（mL）；

V_2 ——用于免疫亲和柱的分取样品体积，单位为毫升（mL）；

1 000 ——换算系数；

m ——试样的称样量，单位为克（g）。

计算结果保留 3 位有效数字。

6. 精密度 在重复性条件下获得的 2 次独立测定结果的绝对差值不得超过算术平均值的 20%。

7. 其他 当称取样品 5 g 时，柱后光化学衍生法、柱后溴衍生法、柱后碘衍生法、柱后电化学衍生法的 AFT B$_1$ 的检出限为 0.03 μg/kg，AFT B$_2$ 的检出限为 0.01 μg/kg，AFT G$_1$ 的检出限为 0.03 μg/kg，AFT G$_2$ 的检出限为 0.01 μg/kg；无衍生器法的 AFT B$_1$ 的检出限为 0.02 μg/kg，AFT B$_2$ 的检出限为 0.003 μg/kg，AFT G$_1$ 的检出限为 0.02 μg/kg，AFT G$_2$ 的检出限为 0.003 μg/kg；柱后光化学衍生法、柱后溴衍生法、柱后碘衍生法、柱后电化学衍生法：AFT B$_1$ 的定量限为 0.1 μg/kg，AFT B$_2$ 的定量限为 0.03 μg/kg，AFT G$_1$ 的定量限为 0.1 μg/kg，AFT G$_2$ 的定量限为 0.03 μg/kg；无衍生器法：AFT B$_1$ 的定量限为 0.05 μg/kg，AFT B$_2$ 的定量限为 0.01 μg/kg，AFT G$_1$ 的定量限为 0.05 μg/kg，AFT G$_2$ 的定量限为 0.01 μg/kg。

三、主要谷物中 16 种真菌毒素的测定 液相色谱-串联质谱法

本方法摘自 LS/T 6133—2018。

1. 原理 采用乙腈-水-乙酸溶液提取试样中真菌毒素，经涡旋或振荡、离心，取上清液经稀释、离心、过滤后，加入稳定同位素内标，通过液相色谱-串联质谱测定，利用稳定同位素内标法定量。

2. 试剂 除另有说明外，所用试剂均为分析纯，实验用水应符合 GB/T 6682 中一级用水的要求。

（1）试剂。

① 乙腈：色谱纯。

② 甲醇：色谱纯。

③ 乙酸铵：色谱纯。

④ 乙酸：色谱纯。

⑤ 提取液：乙腈-水-乙酸混合液（70∶29∶1，体积比）。

⑥ 标准曲线溶剂：乙腈-水-乙酸混合液（35∶64.5∶0.5，体积比）。

（2）标准品。

① 真菌毒素标准品：16 种真菌毒素的固体粉末（纯度≥99%），16 种真菌毒素标准品的信息参见 LS/T 6133—2018 附录 B 中的表 B.1。

② 真菌毒素稳定同位素标准品：除脱氧雪腐镰刀菌烯醇 3 葡萄糖苷和 15-乙酰基脱氧雪腐镰刀菌烯醇外的 14 种真菌毒素稳定同位素标准品的固体粉末（纯度≥99%），14 种真菌毒素稳定同位素标准品的信息参见 LS/T 6133—2018 附录 B 中的 B.1。

（3）标准溶液配制。

① 单标标准储备液：准确称取（精确至 0.1 mg）真菌毒素标准品分别于 10 mL 容量瓶中，按照 LS/T 6133—2018 附录 B 中表 B.2 中所示浓度及溶剂配制标准储备液，此溶液−20 ℃密封避光保存，有效期 6 个月。

② 混合标准中间液：准确移取一定体积的 16 种真菌毒素单标标准储备液于 10 mL 容量瓶中，按照 LS/T 6133—2018 附录 B 中表 B.3 所示浓度配制混合标准溶液，用水定容至刻度，此溶液−20 ℃密封避光保存，有效期 1 个月。

③ 系列标准工作溶液：准确移取 16 种真菌毒素混合标准溶液 25 μL、50 μL、100 μL、250 μL、500 μL、1 000 μL 分别于 10 mL 容量瓶中，用标准曲线溶剂定容至刻度，配制标准曲线溶液浓度参见 LS/T 6133—2018 附录 B 中表 B.4，此溶液 4 ℃避光密封保存，有效期 1 周。

④ 稳定同位素单标储备液：准确称取（精确至 0.1 mg）真菌毒素稳定同位素标准品分别于 10 mL 容量瓶中，按照 LS/T 6133—2018 附录 B 中的表 B.5 所示浓度及溶剂配制标准储备液，此溶液−20 ℃密封避光保存，有效期 6 个月。

⑤稳定同位素内标混合工作液：准确移取一定体积的 14 种真菌毒素稳定同位素单标储备液于 10 mL 容量瓶中，用水定容至刻度，此溶液−20 ℃密封避光保存，有效期 1 个月，14 种真菌毒素稳定同位素混合溶液浓度参见 LS/T

6133—2018 附录 B 中的表 B.6。

注：为便于操作，可采用满足要求的商品化稳定同位素内标试剂盒。

3. 仪器和设备

（1）高效液相色谱-串联质谱仪：配有电喷雾离子源。

（2）冷冻离心机：转速≥12 000 r/min，可设 4 ℃。

（3）天平：感量分别为 0.1 mg 和 0.01 g。

（4）涡旋混合器：转速≥100 r/min。

（5）振荡器：振荡频率≥50 次/min。

（6）粉碎机：电机转速≥1 000 r/min。

（7）筛网：1 mm 孔径试验筛。

（8）塑料离心管：50 mL 和 1.5 mL。

（9）13 mm 聚四氟乙烯针头过滤器，孔径 0.2 μm。

（10）玻璃内插管：400 μL。

（11）色谱进样瓶：2 mL。

（12）塑料无菌注射器：2 mL。

（13）容量瓶：10 mL。

4. 扦样与分样 按 GB/T 5491 的规定执行，在采样过程中，注意防止样品污染。

5. 分析步骤

（1）样品粉碎。样品经粉碎机粉碎，过 500 μm 孔径试验筛，混匀，待测。

（2）提取。准确称取 5 g（精确至 0.01 g）样品于 50 mL 离心管中，加入 20 mL 提取液，涡旋或振荡提取 30 min，然后以 6 000 r/min 离心 10 min，吸取 0.5 mL 上清液于 1.5 mL 离心管中，加入 0.5 mL 水并涡旋混匀，在 4 ℃ 下以 12 000 r/min 离心 10 min，上清液过 0.2 μm 的聚四氟乙烯滤膜，收集滤液 A。

（3）添加稳定同位素内标。准确吸取 180 μL 滤液 A 和标准系列工作溶液于 400 μL 内插管中，加入 20 μL 稳定同位素内标混合工作液涡旋混匀，供液相色谱-串联质谱测定。

注：采用商品化稳定同位素内标试剂盒时，按照其使用说明进行。

（4）仪器参考条件。

① 液相色谱参考条件。

a）色谱柱：C$_{18}$柱，100 mm×2.1 mm，1.8 μm，或相当者。

b）柱温：35 ℃。

c) 进样量：$2\,\mu L$。

d) 流速：$0.3\,mL/min$。

e) 流动相组成及梯度洗脱参考条件参见表 4-4。

表 4-4　流动相组成及梯度洗脱参考条件

时间（min）	流动相 A（%）	流动相 B（%）
0.00	90	10
2.00	90	10
3.00	80	20
7.00	76	24
10.50	70	30
13.50	40	60
15.00	30	70
18.00	25	75
18.10	5	95
21.90	5	95
22.00	90	10

② 质谱参考条件。

a) 离子源：电喷雾离子源。

b) 质谱扫描方式：多反应监测模式（MRM）。

c) 毛细管电压：$3.5\,kV$（＋），$3.5\,kV$（－）。

d) 干燥气：$300\,℃$，$7\,L/min$。

e) 雾化气压力：$241\,kPa$（$35\,psi$）。

f) 鞘流气：$350\,℃$，$11\,L/min$。

g) 其他质谱参考条件参见 LS/T 6133—2018 附录 C。

h) 16 种真菌毒素的总离子图和多反应监测图（MRM）参见 LS/T 6133—2018 附录 D。

（5）定性测定。按照液相色谱-质谱条件测定样品，如果检测的色谱峰保留时间与标准品色谱峰保留时间一致，允许偏差小于±2.5%；定性离子与定量离子的相对丰度与浓度相当的标准工作液的相对丰度一致，相对丰度偏差不超过表 4-5 规定，则可判断样品中存在被测物。

表 4-5　定性确证相对离子丰度的最大允许偏差

相对离子丰度（%）	≥50	>20 至 50	>10 至 20	≤10
允许的相对偏差（%）	±20	±25	±30	±50

（6）定量测定。按照液相色谱-质谱条件测定样品，将（3）配制含有同位素内标的标准系列工作溶液按浓度从低到高依次注入液相色谱-串联质谱联用仪，待仪器条件稳定后，以待测毒素和其对应内标的浓度比为横坐标（x 轴）、目标物质和内标的峰面积比为纵坐标（y 轴），对各个数值点进行最小二乘线性拟合，标准工作曲线按公式（4-6）计算。

$$y = ax + b \qquad\qquad (4-6)$$

式中：

y——待测毒素/内标的峰面积比；

a——回归曲线的斜率；

x——待测毒素/内标的浓度比；

b——回归曲线的截距。

标准工作溶液和样液中待测物的响应值均应在仪器线性响应范围内。

6. 结果计算　采用同位素内标法进行定量。样品中真菌毒素的含量按公式（4-7）计算。

$$X = \frac{x \times \rho \times V \times f}{m} \qquad\qquad (4-7)$$

式中：

X——样品中待测毒素的含量，单位为微克每千克（μg/kg）；

x——按公式（4-6）计算得到测定液中待测毒素/内标的浓度比；

ρ——待测毒素对应的内标质量浓度，单位为微克每升（μg/L）；

V——加入提取液的体积，20 mL；

f——提取液稀释因子，2；

m——样品质量，单位为克（g）。

计算结果以重复性条件下获得的 2 次独立测定结果的算数平均值表示，保留至小数点后 1 位。测定结果不符合重复性要求时，应按 GB/T 5490 的规定重新测定，计算结果。

7. 精密度

（1）实验室间测试。本方法精密度的实验室间合作测定结果参见 LS/T 6133—2018 附录 E，适用于本分析浓度范围和基质之内的样品。

（2）重复性。在同一实验室，由同一操作者使用相同设备，按相同的测试方法，并在短时间内对同一被测试对象相互独立进行测试获得的 2 次独立测试结果的绝对差值大于 LS/T 6133—2018 附录 E 所示的重复性限值（r）的情况不超过 5%。

（3）再现性。在不同实验室，由不同的操作者使用不同的设备，按相同的测试方法，对同一被测试对象相互独立进行测试获得的 2 次独立测试结果的绝对差值大于 LS/T 6133—2018 附录 E 所示的再现性限值（R）的情况不超过 5%。

第五章

质量管理与质量控制

　　实验室质量管理与质量控制是农产品质量安全检测机构工作的重要内容之一，是农产品质量安全检测数据质量得到保证的技术关键。农产品质量安全检测的目的是要准确反映出农产品质量安全现状，为农产品质量安全的分布特征、发展趋势做出科学预测，为农产品质量安全监督管理提供技术支撑。这就要求农产品质量安全检测的数据、结果必须真实、客观、准确。而在农产品质量安全检测实验室实施质量控制，正是为了规范农产品质量安全检测实验室的检测作业技术活动，严格控制好质量体系运行的各种因素，从而确保分析误差处于允许限度内，确保分析结果的精密度和准确性，使分析数据在给定的置信水平内有把握达到所要求的质量，进而确保检测数据、结果的真实、客观、准确。为提升自身的管理水平和技术能力，有条件的机构可以申请资质认定，CMA资质认定要求检验人员严格按照相应的实验标准和规范进行操作，使其量值能溯源。这些措施保证了实验数据的可靠性和准确性，能够使科研数据获取国内外的广泛认可，具有一定的权威性。

　　检测方法是进行筛查检测的基础，在投入使用前，实验室内部应进行方法验证或确认，以验证、确认方法的适用性、针对性等。这两者针对不同的对象，方法验证的对象是标准方法，方法确认的对象是非标准方法。方法验证的目的是证明检测实验室有能力依据所选择的标准方法开展检测活动并能够得到满意的检测结果，以确保实验室可以按照方法开展检测。方法确认的目的是证明非标准方法的合理性、合法性，各质量参数可以满足特定预期用途的特定要求，以确保实验室能够使用合规方法进行检测。检验检测质量控制是通过对检验前、检验中和检验后过程中的要求，利用有效的检测方法，保证检验机构为客户提供准确的检测结果，而检验检测人员与检验检测质量具有很大的关系。因此，在检验检测机构质量控制工作中，要对工作人员的检测行为进行规范，把好质量关，创建健全的质量控制管理的各项环节，并严格按照检验检测质量标准进行检验，才能保障检验检测机构的检测质量具有说服力，检测结果具有权威性、可靠性和准确性。这不仅有助于检验检测机构的检测质量的提升，而且有利于检验检测机构质量控制的科学化发展。实验室质量控制包括实验室内部质量控制和外部质量控制。在检验检测机构内部建立质量控制，是为了达到质量要求所采取的技术活动，加强检验检测过程的监督和控制，使检验检测过程准确度在受控的规定范围之内，确保检验检测机构出具的检验检测结果准确可靠。

本章首先介绍了检验检测机构资质认定能力评价的通用要求，为检验检测机构申请资质认定以及在检测活动中提高检测质量和管理水平提供参考。然后对化学分析方法确认和方法验证指南进行了详细介绍，包括一般原则、确认特性参数、验证要求等。另外，在方法验证时，自身实验室仪器等条件可能与标准中推荐的条件不同，那么哪些是可以调整的、调整的幅度是多少，本章最后介绍了色谱分析领域方法调整准则，对其进行了具体规定。

第一节　检验检测机构资质认定通用要求

本节内容摘自 RB/T 214—2017。本节介绍了对检验检测机构进行资质认定能力评估时，在机构、人员、场所环境、设备设施、管理体系方面的通用要求。

1. 基本概念

（1）检验检测机构。依法成立，根据相关标准或者技术规范，利用仪器设备、环境设施等技术条件与专业技能，对产品或者法律法规的特定对象进行检验检测的专业技术组织。

（2）资质认定。国家认证认可监督管理委员会与省级质量技术监督部门依据有关法律法规与标准、技术规范的规定，对检验检测机构的基本条件与技术能力是否符合法定要求实施的评价许可。

（3）资质认定评审。国家认证认可监督管理委员会与省级质量技术监督部门依据《中华人民共和国行政许可法》的有关规定，自行或者委托专业技术评价机构，组织评审人员，对检验检测机构的基本条件与技术能力是否符合《检验检测机构资质认定评审准则》与评审补充要求所进行的审查和考核。

（4）公正性。检验检测活动不存在利益冲突。

（5）投诉。任何人员或组织向检验检测机构就其活动或结果表达不满意，并期望得到回复的行为。

（6）能力验证。依据预先制定的准则，采用检验检测机构间比对的方式，评价参加者的能力。

（7）判定规则。当检验检测机构需要做出与规范或者标准符合性的声明时，描述如何考虑测量不确定度的规则。

（8）验证。提供客观的证据，证明给定项目是否满足规定要求。

（9）确认。对规定要求是否满足预期用途的验证。

2. 要求

（1）机构。

① 检验检测机构应依法成立并能够承担相应法律责任的法人或者其他组织。检验检测机构或者其所在的组织应有明确的法律地位，对其出具的检验检测数据、结果负责，并承担相应法律责任。不具备独立法人资格的检验检测机构应经所在法人单位授权。

② 检验检测机构应明确其组织结构及管理、技术运作与支持服务之间的关系。检验检测机构应配备检验检测活动所需人员、设施、设备、系统及支持服务。

③ 检验检测机构及其人员从事检验检测活动，应遵守国家相关法律法规的规定，遵循客观独立、公平公正、诚实信用原则，恪守职业道德，承担社会责任。

④ 检验检测机构应建立和保持维护其公正与诚信的程序。检验检测机构及其人员应不受来自内外部的、不正当的商业、财务与其他方面的压力与影响，确保检验检测数据、结果的真实、客观、准确与可追溯。检验检测机构应建立识别出现公正性风险的长效机制。如识别出公正性风险，检验检测机构应能证明消除或减少该风险。若检验检测机构所在的组织还从事检验检测以外的活动，应识别并采取措施避免潜在的利益冲突。检验检测机构不得使用同时在2个及以上检验检测机构从业的人员。

⑤ 检验检测机构应建立和保持保护客户秘密与所有权的程序，该程序应包括保护电子存储与传输结果信息的要求。检验检测机构及其人员应对其在检验检测活动中所知悉的国家秘密、商业秘密与技术秘密负有保密义务，并制定与实施相应的保密措施。

（2）人员。

① 检验检测机构应建立和保持人员管理程序，对人员资格确认、任用、授权与能力保持等进行规范管理。检验检测机构应与其人员建立劳动、聘用或录用关系，明确技术人员与管理人员的岗位职责、任职要求与工作关系，使其

满足岗位要求并具有所需的权力与资源，履行建立、实施、保持与持续改进管理体系的职责。检验检测机构中所有可能影响检验检测活动的人员，无论是内部还是外部人员，均应行为公正，受到监督，胜任工作，并按照管理体系要求履行职责。

② 检验检测机构应确定全权负责的管理层，管理层应履行其对管理体系的领导作用与承诺：对公正性做出承诺；负责管理体系的建立与有效运行；确保管理体系所需的资源；确保制定质量方针与质量目标；组织质量管理体系的管理评审；确保管理体系要求融入检验检测的全过程；确保管理体系实现其预期结果；满足相关法律法规要求与客户要求；提升客户满意度；运用过程方法建立管理体系与分析风险、机遇。

③ 检验检测机构的技术负责人应具有中级及以上相关专业技术职称或同等能力，全面负责技术运作；质量负责人应确保质量管理体系得到实施和保持；应指定关键管理人员的代理人。

④ 检验检测机构的授权签字人应具有中级及以上相关专业技术职称或同等能力，并经资质认定部门批准，非授权签字人不得签发检验检测报告或证书。

⑤ 检验检测机构应对抽样、操作设备、检验检测、签发检验检测报告或证书以及提出意见与解释的人员，依据相应的教育、培训、技能与经验进行能力确认。应由熟悉检验检测目的、程序、方法与结果评价的人员，对检验检测人员包括实习员工进行监督。

⑥ 检验检测机构应建立和保持人员培训程序，确定人员的教育与培训目标，明确培训需求与实施人员培训。培训计划应与检验检测机构当前与预期的任务相适应。

⑦ 检验检测机构应保留人员的相关资格、能力确认、授权、教育、培训与监督的记录，记录包含能力要求的确定、人员选择、人员培训、人员监督、人员授权与人员能力监控。

（3）场所环境。

① 检验检测机构应有固定的、临时的、可移动的或多个地点的场所，上述场所应满足相关法律法规、标准或技术规范的要求。检验检测机构应将其从事检验检测活动所必需的场所、环境要求制定成文件。

② 检验检测机构应确保其工作环境满足检验检测的要求。检验检测机构在固定场所以外进行检验检测或抽样时，应提出相应的控制要求，以确保环境条件满足检验检测标准或者技术规范的要求。

③ 检验检测标准或者技术规范对环境条件有要求时或环境条件影响检验检测结果时，应监测、控制与记录环境条件。当环境条件不利于检验检测的开展时，应停止检验检测活动。

④ 检验检测机构应建立和保持检验检测场所的内务管理程序，该程序应考虑安全与环境的因素。检验检测机构应将不相容活动的相邻区域进行有效隔离，应采取措施以防止干扰或者交叉污染，对影响检验检测质量的区域的使用与进入加以控制，并根据特定情况确定控制的范围。

（4）设备设施。

① 设备设施的配备。检验检测机构应配备满足检验检测（包括抽样、物品制备、数据处理与分析）要求的设备与设施。用于检验检测的设施，应有利于检验检测工作的正常开展。设备包括检验检测活动所必需并影响结果的仪器、软件、测量标准、标准物质、参考数据、试剂、消耗品、辅助设备或相应组合装置。检验检测机构使用非本机构的设施与设备时，应确保满足本标准的要求。

检验检测机构租用仪器设备开展检验检测时，应确保：租用仪器设备的管理应纳入本检验检测机构的管理体系；本检验检测机构可全权支配使用，即：租用的仪器设备由本检验检测机构的人员操作、维护、检定或校准，并对使用环境与储存条件进行控制；在租赁合同中明确规定租用设备的使用权；同一台设备不允许在同一时期被不同检验检测机构共同租赁与资质认定。

② 设备设施的维护。检验检测机构应建立和保持检验检测设备与设施管理程序，以确保设备与设施的配置、使用与维护满足检验检测工作的要求。

③ 设备管理。检验检测机构应对对于检验检测结果、抽样结果的准确性或有效性有影响或计量溯源性有要求的设备，包括用于测量环境条件等辅助测量设备，有计划地实施检定或校准。设备在投入使用前，应采用检查、检定或校准等方式，以确认其是否满足检验检测的要求。所有需要检定、校准或有有效期的设备应使用标签、编码或以其他方式标识，以便使用人员识别检定、校准的状态或有效期。

检验检测设备，包括硬件与软件设备，应得到保护，以避免出现致使检验检测结果失效的调整。检验检测机构的参考标准应满足溯源要求。无法溯源到国家或国际测量标准时，检验检测机构应保留检验检测结果相关性或准确性的证据。

当需要利用期间核查以保持设备的可信度时，应建立和保持相关的程序。针对校准结果包含的修正信息或标准物质包含的参考值，检验检测机构应确保在其检测数据及相关记录中加以利用并备份与更新。

④ 设备控制。检验检测机构应保存对检验检测具有影响的设备及其软件的记录。用于检验检测并对结果有影响的设备及其软件，如可能，应加以唯一性标识。检验检测设备应由经过授权的人员操作并对其进行正常维护。若设备脱离了检验检测机构的直接控制，应确保该设备返回后，在使用前对其功能与检定、校准状态进行核查，并得到满意结果。

⑤ 故障处理。设备出现故障或者异常时，检验检测机构应采取相应措施，如停止使用、隔离或加贴停用标签、标记，直至修复并通过检定、校准或核查表明能正常工作为止。应核查这些缺陷或偏离对以前检验检测结果的影响。

⑥ 标准物质。检验检测机构应建立和保持标准物质管理程序。标准物质应尽可能溯源到国际单位制（SI）单位或有证标准物质。检验检测机构应根据程序对标准物质进行期间核查。

（5）管理体系。

① 总则。检验检测机构应建立、实施和保持与其活动范围相适应的管理体系，应将其政策、制度、计划、程序与指导书制订成文件，管理体系文件应传达至有关人员，并被其获取、理解、执行。检验检测机构管理体系至少应包括管理体系文件、管理体系文件的控制、记录控制、应对风险与机遇的措施、改进、纠正措施、内部审核与管理评审。

② 方针目标。检验检测机构应阐明质量方针，制定质量目标，并在管理评审时予以评审。

③ 文件控制。检验检测机构应建立和保持控制其管理体系的内部与外部文件的程序，明确文件的标识、批准、发布、变更与废止，防止使用无效、作废的文件。

④ 合同评审。检验检测机构应建立和保持评审客户要求、标书、合同的程序。对要求、标书、合同的偏离、变更应征得客户同意并通知相关人员。当客户要求出具的检验检测报告或证书中包含对标准或规范的符合性声明（如合格或不合格）时，检验检测机构应有相应的决定规则。若标准或规范不包含判定规则内容，检验检测机构选择的判定规则应与客户沟通并得到同意。

⑤ 分包。检验检测机构需分包检验检测项目时，应分包给已取得检验检测机构资质认定并有能力完成分包项目的检验检测机构，具体分包的检验检测项目与承担分包项目的检验检测机构应事先取得委托人的同意。出具检验检测报告或证书时，应将分包项目予以区分。

检验检测机构实施分包前，应建立和保持分包的管理程序，并在检验检测业务洽谈、合同评审与合同签署过程中予以实施。

检验检测机构不得将法律法规、技术标准等文件禁止分包的项目实施分包。

⑥ 采购。检验检测机构应建立和保持选择与购买对检验检测质量有影响的服务及供应品的程序，明确服务、供应品、试剂、消耗材料等的购买、验收、存储的要求，并保存对供应商的评价记录。

⑦ 服务客户。检验检测机构应建立和保持服务客户的程序，包括保持与客户沟通，对客户进行服务满意度调查、跟踪客户的需求，以及允许客户或其代表合理进入为其检验检测的相关区域观察。

⑧ 投诉。检验检测机构应建立和保持处理投诉的程序。明确对投诉的接收、确认、调查与处理职责，跟踪与记录投诉，确保采取适宜的措施，并注重人员的回避。

⑨ 不符合工作控制。检验检测机构应建立和保持出现不符合工作的处理程序，当检验检测机构活动或结果不符合其自身程序或与客户达成一致的要求时，检验检测机构应实施该程序。该程序应确保：明确对不符合工作进行管理的责任与权力；针对风险等级采取措施；对不符合工作的严重性进行评价，包括对以前结果的影响分析；对不符合工作的可接受性做出决定；必要时，通知客户并取消工作；规定批准恢复工作的职责；记录所描述的不符合工作与措施。

⑩ 纠正措施、应对风险与机遇的措施与改进。检验检测机构应建立和保持在识别出不符合时，采取纠正措施的程序。检验检测机构应通过实施质量方针、质量目标，应用审核结果、数据分析、纠正措施、管理评审、人员建议、风险评估、能力验证与客户反馈等信息来持续改进管理体系的适宜性、充分性与有效性。

检验检测机构应考虑与检验检测活动有关的风险与机遇，以利于：确保管理体系能够实现其预期结果；把握实现目标的机遇；预防或减少检验检测活动中的不利影响与潜在的失败；实现管理体系改进。检验检测机构应策划：应对这些风险与机遇的措施；如何在管理体系中整合并实施这些措施；如何评价这些措施的有效性。

⑪ 记录控制。检验检测机构应建立和保持记录管理程序，确保每一项检验检测活动技术记录的信息充分，确保记录的标识、储存、保护、检索、保留与处置符合要求。

⑫ 内部审核。检验检测机构应建立和保持管理体系内部审核的程序，以

便验证其运作是否符合管理体系与 RB/T 214—2017 的要求，管理体系是否得到有效的实施和保持。内部审核通常每年一次，由质量负责人策划内审并制定审核方案。内审员须经过培训，具备相应资格，若资质允许，内审员应独立于被审核的活动。检验检测机构应：依据有关过程的重要性、对检验检测机构产生影响的变化与以往的审核结果，策划、制定、实施和保持审核方案，审核方案包括频次、方法、职责、策划要求与报告；规定每次审核的审核要求与范围；选择审核员并实施审核；确保将审核结果报告给相关管理者；及时采取适当的纠正与纠正措施；保留形成文件的信息，作为实施审核方案以及审核结果的证据。

⑬ 管理评审。检验检测机构应建立和保持管理评审的程序。管理评审通常 12 个月一次，由管理层负责。管理层应确保管理评审后，得出的相应变更或改进措施予以实施，确保管理体系的适宜性、充分性与有效性。应保留管理评审的记录。管理评审输入应包括以下信息：检验检测机构相关的内外部因素的变化；目标的可行性；政策与程序的适用性；以往管理评审所采取措施的情况；近期内部审核的结果；纠正措施；由外部机构进行的评审；工作量与工作类型的变化或检验检测机构活动范围的变化；客户与员工的反馈；投诉；实施改进的有效性；资源配备的合理性；风险识别的可控性；结果质量的保障性；其他相关因素，如监督活动与培训。

管理评审输出应包括以下内容：管理体系及其过程的有效性；符合 RB/T 214—2017 要求的改进；提供所需的资源；变更的需求。

⑭ 方法的选择、验证与确认。检验检测机构应建立和保持检验检测方法控制程序。检验检测方法包括标准方法、非标准方法（含自制方法）。应优先使用标准方法，并确保使用标准的有效版本。在使用标准方法前，应进行验证。在使用非标准方法（含自制方法）前，应进行确认。检验检测机构应跟踪方法的变化，并重新进行验证或确认。必要时，检验检测机构应制定作业指导书。如确需方法偏离，应有文件规定，经技术判断与批准，并征得客户同意。当客户建议的方法不适合或已过期时，应通知客户。

非标准方法（含自制方法）的使用，应事先征得客户同意，并告知客户相关方法可能存在的风险。需要时，检验检测机构应建立和保持开发自制方法控制程序，自制方法应经确认。检验检测机构应记录作为确认证据的信息：使用的确认程序、规定的要求、方法性能特征的确定、获得的结果与描述该方法满足预期用途的有效性声明。

⑮ 测量不确定度。检验检测机构应根据需要建立和保持应用评定测量不

确定度的程序。

检验检测项目中有测量不确定度的要求时，检验检测机构应建立和保持应用评定测量不确定度的程序。检验检测机构应建立相应的数学模型，给出相应检验检测能力的评定测量不确定度案例。检验检测机构在检验检测出现临界值、内部质量控制或客户有要求时，需要报告测量不确定度。

⑯ 数据信息管理。检验检测机构应获得检验检测活动所需的数据与信息，并对其信息管理系统进行有效管理。

检验检测机构应对计算与数据转移进行系统和适当的检查。当利用计算机或自动化设备对检验检测数据进行采集、处理、记录、报告、存储或检索时，检验检测机构应：将自行开发的计算机软件形成文件，使用前确认其适用性，并进行定期确认、改变或升级后再次确认，应保留确认记录；建立和保持数据完整性、正确性与保密性的保护程序；定期维护计算机与自动设备，保持其功能正常。

⑰ 抽样。检验检测机构为后续的检验检测，需要对物质、材料或产品进行抽样时，应建立和保持抽样控制程序。抽样计划应根据适当的统计方法制定，抽样应确保检验检测结果的有效性。当客户对抽样程序有偏离的要求时，应予以详细地记录，同时告知相关人员。如果客户要求的偏离影响到检验检测结果，应在报告、证书中做出声明。

⑱ 样品处置。检验检测机构应建立和保持样品管理程序，以保护样品的完整性并为客户保密。检验检测机构应有样品的标识系统，并在检验检测整个期间保留该标识。在接收样品时，应记录样品的异常情况或记录对检验检测方法的偏离。样品在运输、接收、处置、保护、存储、保留、清理或返回过程中应予以控制与记录。当样品需要存放或养护时，应维护、监控与记录环境条件。

⑲ 结果有效性。检验检测机构应建立和保持监控结果有效性的程序。检验检测机构可采用定期使用标准物质、定期使用经过检定或校准的具有溯源性的替代仪器、对设备的功能进行检查、运用工作标准与控制图、使用相同或不同方法进行重复检验检测、保存样品的再次检验检测、分析样品不同结果的相关性、对报告数据进行审核、参加能力验证或机构之间比对、机构内部对比、盲样检验检测等进行监控。检验检测机构所有数据的记录方式应便于发现其发展趋势，若发现偏离预先判据，应采取有效的措施纠正出现的问题，防止出现错误的结果。质量控制应有适当的方法与计划并加以评价。

⑳ 结果报告。检验检测机构应准确、清晰、明确、客观地出具检验检测

结果，符合检验检测方法的规定，并确保检验检测结果的有效性。结果通常应以检验检测报告或证书的形式发出。检验检测报告或证书应至少包括下列信息：标题；标注资质认定标志，加盖检验检测专用章（适用时）；检验检测机构的名称与地址，检验检测的地点（如果与检验检测机构的地址不同）；检验检测报告或证书的唯一性标识（如系列号）与每一页上的标识，以确保能够识别该页就是属于检验检测报告或证书的一部分，以及表明检验检测报告或证书结束的清晰标识；客户的名称与联系信息；所用检验检测方法的识别；检验检测样品的描述、状态与标识；检验检测的日期；对检验检测结果的有效性与应用有重大影响时，注明样品的接收日期或抽样日期；对检验检测结果的有效性或应用有影响时，提供检验检测机构或其他机构所用的抽样计划与程序的说明；检验检测报告或证书签发人的姓名、签字或等效的标识与签发日期；检验检测结果的测量单位（适用时）；检验检测机构不负责抽样（如样品就是由客户提供）时，应在报告或证书中声明结果仅适用于客户提供的样品；检验检测结果来自外部提供者时的清晰标注；检验检测机构应做出未经本机构批准，不得复制（全文复制除外）报告或证书的声明。

㉑ 结果说明。当需对检验检测结果进行说明时，检验检测报告或证书中还应包括下列内容：对检验检测方法的偏离、增加或删减，以及特定检验检测条件的信息，如环境条件；适用时，给出符合（或不符合）要求或规范的声明；当测量不确定度与检验检测结果的有效性或应用有关，或客户有要求，或当测量不确定度影响到对规范限度的符合性时，检验检测报告或证书中还需要包括测量不确定度的信息；适用且需要时，提出意见与解释；特定检验检测方法或客户所要求的附加信息；报告或证书涉及使用客户提供的数据时，应有明确的标识；当客户提供的信息可能影响结果的有效性时，报告或证书中应有免责声明。

㉒ 抽样结果。检验检测机构从事抽样时，应有完整、充分的信息支撑其检验检测报告或证书。

㉓ 意见与解释。当需要对报告或证书做出意见与解释时，检验检测机构应将意见与解释的依据形成文件。意见与解释应在检验检测报告或证书中清晰标注。

㉔ 分包结果。当检验检测报告或证书包含了由分包方所出具的检验检测结果时，这些结果应予清晰标明。

㉕ 结果传送与格式。当用电话、传真或其他电子或电磁方式传送检验检测结果时，应满足 RB/T 214—2017 对数据控制的要求。检验检测报告或证书

的格式应设计为适用于所进行的各种检验检测类型，并尽量减小产生误解或误用的可能性。

㉖ 修改。检验检测报告或证书签发后，若有更正或增补应予以记录。修订的检验检测报告或证书应标明所代替的报告或证书，并注以唯一性标识。

㉗ 记录与保存。检验检测机构应对检验检测原始记录、报告、证书归档留存，保证其具有可追溯性。检验检测原始记录、报告、证书的保存期限通常不少于 6 年。

第二节　化学分析方法确认和验证指南

本节内容摘自 GB/T 27417—2017。本节介绍了实验室对化学分析方法进行方法确认和方法验证一般性原则。

1. 基本概念

（1）方法确认。实验室通过试验，提供客观有效证据证明特定检测方法满足预期的用途。

（2）方法验证。实验室通过核查，提供客观有效证据证明满足检测方法规定的要求。

（3）实验室内方法确认。在一个实验室内，在合理的时间间隔内，用一种方法在预定条件下对相同或不同样品进行的分析试验，以证明特定检测方法满足预期的用途。

（4）实验室间方法确认。在两个或多个实验室之间实施的方法确认。实验室依照预定条件用相同方法对相同样品的测定，以证明特定检测方法满足预期的用途。

（5）定性方法。根据物质的化学、生物或物理性质对其进行鉴定的分析方法。

（6）定量方法。测定被分析物的质量或质量分数的分析方法，可用适当单位的数值表示。

（7）确证方法。能提供目标物全部或部分信息，依据这些信息可以明确定性，在必要时，可在关注的浓度水平上进行定量的方法。

［EN 2002/657/EC，定义 1.10］

（8）筛选方法。具有高效处理大量样品的能力，用于检测一种物质或一组物质在所关注的浓度水平上是否存在的方法。

注：这些方法用于筛选大量样品可能的阳性结果，并用来避免假阴性结

果。此类方法所获得的检测结果通常为定性结果或半定量结果。

(9) 容许限。对某一定量特性规定和要求的物质限值。

注：如最大残留限、最高允许浓度或其他最大容许量等。

(10) 关注浓度水平。对判断样品中物质或分析物是否符合法规规定和要求的有决定性意义的浓度（如容许限浓度）。

(11) 选择性。测量系统按规定的测量程序使用并提供一个或多个被测量的测得的量值时，每个被测量的值与其他被测量或所研究的现象、物体或物质中的其他量无关的特性。

［ISO/IEC 指南 99：2007，定义 4.13］

(12) 线性范围。对于分析方法而言，用线性计算模型来定义仪器响应与浓度的关系，该计算模型的应用范围。

(13) 检出限。由给定测量程序获得的测得的量值，其对物质中不存在某种成分的误判概率为 β，对物质中存在某种成分的误判概率为 α。

注 1：国际理论化学和应用化学联合会（IUPAC）推荐 α 和 β 的默认值为 0.05。

注 2：检出限往往分为两种：方法检出限和仪器检出限。

［ISO/IEC 指南 99：2007，定义 4.18］

(14) 定量限。样品中被测组分能被定量测定的最低浓度或最低量，此时的分析结果应能确保一定的正确度和精密度。

(15) 精密度。在规定条件下，对同一或类似被测对象重复测量所得示值或测得的量值间的一致程度。

［ISO/IEC 指南 99：2007，定义 2.15］

(16) 灵敏度。测量系统的示值变化除以相应被测量的量值变化所得的商。

注 1：测量系统的灵敏度可能取决于被测量的量值。

注 2：所考虑的被测量的量值变化宜大于测量系统的分辨力。

［ISO/IEC 指南 99：2007，定义 4.12］

(17) 测量区间。在规定条件下，由具有一定的仪器测量不确定度的测量仪器或测量系统能够测量出的一组同类量的量值。

注 1：测量区间的下限不宜与"检出限"相混淆。

注 2：在某些领域，该术语也称"测量范围"，考虑到化学分析实验室的使用惯例，在 GB/T 27417—2017 中采用"测量范围"。同时，后面的描述也改为"测量范围"。

［ISO/IEC 指南 99：2007，定义 4.7］

（18）重复性测量条件。相同测量程序、相同操作者、相同测量系统、相同操作条件和相同地点，并在短时间内对同一或相类似的被测对象重复测量的一组测量条件。

［ISO/IEC 指南 99：2007，定义 2.20］

（19）重复性。在一组重复性测量条件下获得的测量精密度。

［ISO/IEC 指南 99：2007，定义 2.21］

（20）再现性测量条件。不同地点、不同操作者、不同测量系统，对同一或相类似被测对象重复测量的一组测量条件。

［ISO/IEC 指南 99：2007，定义 2.24］

（21）再现性。在再现性测量条件下获得的测量精密度。

［ISO/IEC 指南 99：2007，定义 2.25］

（22）自由度。和的项数减去和中诸项数的约束数。

［GB/T 3358.1—2009，定义 2.54］

（23）正确度。无穷多次重复测量所测得的量值的平均值与一个参考量值间的一致程度。

［ISO/IEC 指南 99：2007，定义 2.14］

（24）偏倚。系统测量误差的估计值。

［ISO/IEC 指南 99：2007，定义 2.18］

（25）准确度。被测量的测得的量值与其真值间的一致程度。

注 1：概念"测量准确度"不是一个量，也不给出量的数值。当测量给出较小的测量误差时，该测量更准确。

注 2：术语"测量准确度"不宜用于表示"测量正确度"，"测量精密度"不宜用于表示"测量准确度"，尽管测量准确度与这两个概念有关。

注 3：测量准确度有时被理解为赋予被测量的测得的量值之间的一致程度。

（26）稳健度。实验条件变化对分析方法的影响程度。

注：这些条件在方法中规定，或根据规定稍加改动，包括样品种类、基质、保存条件、环境或样品制备条件等。所有在实践中可能影响分析结果的实验条件（如试剂稳定性、样品组成、pH、温度等）的任何变化都应当指明。

2. 方法确认要求

（1）总则。实验室应对非标准方法、实验室制定的方法、超出其预定范围使用的标准方法、扩充和修改过的标准方法的确认制定程序。对于确认过的方法，实验室应制定作业指导书。

（2）确认方法的特性参数。实验室可在综合考虑成本、风险和技术可行性基础上，并根据预期的用途来进行方法确认。实验室进行方法确认的内容应完整，包括但不限于以下方法特性：方法的选择性；方法适用范围；检出限和/或定量限；测量范围和/或线性范围；精密度（重复性和/或再现性）；稳健度；正确度；准确度（正确度和精密度）；灵敏度；结果的测量不确定度。

（3）确认方法特性参数的选择。

① 方法确认的典型特性参数。方法确认首先应明确检测对象特定的需求，包括样品的特性、数量等，并应满足客户的特殊需要。同时，应根据方法的预期用途，选择需要确认的方法特性参数。典型方法确认参数的选择见表5-1。

表 5-1　典型方法确认参数的选择

待评估性能参数	确证方法		筛选方法	
	定量方法	定性方法	定量方法	定性方法
检出限[a]	√	√	√	—
定量限	√	—	√	—
灵敏度	√	√	—	—
选择性	√	√	√	√
线性范围	√	—	√	—
测量范围	√	—	√	—
基质效应[b]	√	—	√	—
精密度（重复性和再现性）	√	—	√	—
正确度	√	—	—	—
稳健度	√	√	√	—
测量不确定度（MU）	√	—	—	—

注：√：表示正常情况下需要确认的性能参数；
　　—：表示正常情况下不需要确认的性能参数。
　[a] 被测物的浓度接近于"零"时，需要确认此性能参数。
　[b] 化学分析中，基质指的是样品中被分析物以外的组分。基质经常对分析物的分析过程有显著的干扰，并影响分析结果的准确性。例如，溶液的离子强度会对分析物活度系数有影响，这些影响和干扰被称为基质效应。

② 实验室内方法确认。通常情况下，需要确认的技术参数包括方法的选择性、检出限、定量限、线性范围、正确度、精密度和稳健度等。

③ 实验室间方法确认。通常情况下，对于定性方法，至少应确认方法的

检出限和选择性；对于定量方法，至少应确认方法的适用对象、线性范围、定量限和精密度。

注：参与实验室间方法确认的实验室，相关的或类似的检测项目建议通过GB/T 27025认可或具有其他等同资质，并具有确认活动所需的人员、设备和设施等资源。

3. 方法特性参数的确认

（1）选择性。一般情况下，分析方法在没有重大干扰的情况下应具有一定的选择性。对于化学分析方法，在有干扰的情况下，如基质成分、代谢物、降解产物、内源性物质等，保证检测结果的准确性至关重要。实验室可联合使用但不限于下述两种方法检查干扰：

① 分析一定数量的代表性空白样品，检查在目标分析物出现的区域是否有干扰（信号、峰等）。

② 在代表性空白样品中添加一定浓度的有可能干扰分析物定性和/或定量的物质。

（2）测量范围。方法的测量范围通常应满足以下条件：

① 方法的测量范围应覆盖方法的最低浓度水平（定量限）和关注浓度水平。

② 至少需要确认方法测量范围的最低浓度水平（定量限）、关注浓度水平和最高浓度水平的正确度和精密度，必要时可增加确认浓度水平。

③ 若方法的测量范围呈线性，还需满足线性范围的要求。

（3）线性范围。线性范围通常可参照相关国家标准或国际标准，尽量满足如下要求：

① 采用校准曲线法定量，并至少具有6个校准点（包括空白），浓度范围尽可能覆盖一个或多个数量级，每个校准点至少以随机顺序重复测量2次，最好是3次或更多；对于筛选方法，线性回归方程的相关系数不低于0.98；对于准确定量的方法，线性回归方程的相关系数不低于0.99。

② 校准用的标准点应尽可能均匀地分布在关注的浓度范围内并能覆盖该范围。在理想的情况下，不同浓度的校准溶液应独立配制，低浓度的校准点不宜通过稀释校准曲线中高浓度的校准点进行配制。

③ 浓度范围一般应覆盖关注浓度的$50\%\sim150\%$，如需做空白时，则应覆盖关注浓度的$0\sim150\%$。

④ 应充分考虑可能的基质效应影响，排除其对校准曲线的干扰。实验室应提供文献或实验数据，说明目标分析物在溶剂中、样品中和基质成分中的

稳定性，并在方法中予以明确。通常各种分析物在保存条件下的稳定性都已有很好的研究，监测保存条件应作为常规实验室确认系统的一部分。对于缺少稳定性数据的目标分析物，应提供能分析其稳定性的测定方法和确认结果。

（4）检出限和定量限。

① 需要评估检出限（LOD）和定量限（LOQ）的情况。通常情况下，只有当目标分析物的含量在接近于"零"的时候才需要确定方法的检出限（LOD）或定量限（LOQ）。当分析物浓度远大于LOQ时，没有必要评估方法的LOD和LOQ。但是，对于那些浓度接近LOD与LOQ的痕量和超痕量检测，并且报告为"未检出"时，或需要利用检出限或定量限进行风险评估或法规决策时，实验室应确定LOD和LOQ。不同的基质可能需要分别评估LOD和LOQ。

② 检出限。

a）仪器检出限（IDL）和方法检出限（MDL）。对于多数现代的分析方法来说，检出限（LOD）可分为两个部分：仪器检出限（Instrumental Detection Limit，IDL）和方法检出限（Method Detection Limit，MDL）。

仪器检出限（IDL）：用仪器可靠地将目标分析物信号从背景（噪音）中识别出来时分析物的最低浓度或量，该值表示为仪器检出限（IDL）。随着仪器灵敏度的增加，仪器噪音也会降低，相应IDL也降低。

方法检出限（MDL）：用特定方法可靠地将分析物测定信号从特定基质背景中识别或区分出来时分析物的最低浓度或量，该值表示为方法检出限（MDL）。MDL就是用该方法测定出大于相关不确定度的最低值。确定MDL时，应考虑到所有基质的干扰。

注：方法的检出限（LOD）不宜与仪器最低响应值相混淆。使用信噪比可用来考察仪器性能但不适用于评估方法的检出限（LOD）。

b）确定检出限的方法。确定检出限的方法很多，除下面所列方法外，其他方法也可以使用。

目视评价法评估LOD：目视评价法是通过在样品空白中添加已知浓度的分析物，然后确定能够可靠检测出分析物最低浓度值的方法。即在样品空白中加入一系列不同浓度的分析物，随机对每一个浓度点进行约7次的独立测试，通过绘制阳性（或阴性）结果百分比与浓度相对应的反应曲线确定阈值浓度。该方法也可用于定性方法中检出限的确定。

空白标准偏差法评估LOD：通过分析大量的样品空白或加入最低可接受

浓度的样品空白来确定 LOD。独立测试的次数应不少于 10 次（$n \geqslant 10$），计算出检测结果的标准偏差（s），定量检测中 LOD 的表示方法见表 5-2。

表 5-2　定量检测中 LOD 的表示方法

试验方法	LOD 的表示方法
样品空白独立测试 10 次[a]	样品空白平均值+3s（只适用于标准偏差值非零时）
加入最低可接受浓度的样品空白独立测试 10 次[a]	0+3s
加入最低可接受浓度的样品空白独立测试 10 次	样品空白值+4.65s（此模型来自假设检验）

注 1："最低可接受浓度"为在所得不确定度可接受的情况下所加入的最低浓度。
注 2：假设实际检测中样品和空白应分别测定，且通过样品浓度扣减空白信号对应的浓度进行空白校正。
[a] 仅当空白中干扰物质的信号值高于样品空白值的 3s 的概率远小于 1‰时适用。

样品空白值的平均值和标准偏差均受样品基质影响，因此最低检出限也因受样品基质种类的影响而不同。如果利用此条件进行符合性判定时，需要定期用实际检测数据更新精密度数值。

校准方程的适用范围评估 LOD：如果在 LOD 或接近 LOD 的样品数据无法获得时，可利用校准方程的参数评估仪器的 LOD。如果用空白平均值加上空白的 3 倍标准偏差，仪器对于空白的响应即为校准方程的截距 a，仪器响应的标准偏差即为校准的标准误差（$S_{y/x}$）。故可利用方程 $y_{LOD}=a+3S_{y/x}=a+bx_{LOD}$，则 $x_{LOD}=3S_{y/x}/b$。此方程可广泛应用于分析化学。然而，由于此方法为外推法，所以当浓度接近于预期的 LOD 时，结果就不如由实验得到的结果可靠。因此，建议分析浓度接近于 LOD 的样品，应确证在适当的概率下被分析物能够被检测出来。

信噪比法评估 LOD：对于定量方法来说，由于仪器分析过程都会有背景噪音，常用的方法就是利用已知低浓度的分析物样品与空白样品的测量信号进行比较，确定能够可靠检出的最小的浓度。典型的可接受的信噪比是 2∶1 或 3∶1。

对于定性方法来说，低于临界浓度时选择性是不可靠的。该临界值会随着试验条件中的试剂、加标量、基质等不同而变化。确定定性方法的 LOD 时，可以通过往空白样品中添加几个不同浓度水平的标液，在每个水平分别随机检测 10 次，记录检出结果（阳性或阴性），绘制样品检出的阳性率（％）或阴性率（％）对添加浓度的曲线，临界浓度即为检测结果不可靠时的拐点。定性分析中临界值的确定可参考表 5-3 进行。如表 5-3 示例中，当样品中待测物浓度低于 $100 \mu g/g$ 时，阳性检测结果已经不具备 100% 的可靠性。

表 5-3   定性分析中临界值的确定

待测物浓度值（$\mu g/g$）	重复次数（次）	阳性/阴性检出次数（次）
200	10	10/0
100	10	10/0
75	10	5/5
50	10	1/9
25	10	0/10

③ 定量限。

a）与检出限（LOD）相类似，定量限（LOQ）也可以分成两个部分，仪器定量限和方法定量限。

仪器定量限（IQL）可定义为仪器能够可靠检出并定量被分析物的最低量。

方法定量限（MQL）可定义为在特定基质中，在一定可信度内，用某一方法可靠地检出并定量被分析物的最低量。

b）LOQ 的确定。主要是从其可信性考虑，如测试是否是基于法规要求、目标测量不确定度和可接受准则等。通常建议将空白值加上 10 倍的重复性标准偏差作为 LOQ，也可以 3 倍的 LOD 或高于方法确认中使用最低加标量的 50% 作为 LOQ。如为增加数据的可信性，LOQ 也可用 10 倍的 LOD 来表示。另外，在某些特定测试领域中，实验室也可根据行业规则使用其他参数。特定的基质和方法，其 LOQ 可能在不同实验室之间或在同一个实验室内由于使用不同设备、技术和试剂而有差异。

（5）正确度。测量结果的正确度用于表述无穷多次重复性测定结果的平均值与参考值之间的接近程度，正确度差意味着存在系统误差，通常用偏倚表示。而测量结果的偏倚则通过回收试验进行评估。

① 回收率的测定。回收试验用于评估偏倚，可通过计算回收率来进行评价。在高偏倚测试中，测定值与参考值会有重大的偏离。在测定添加收率时，应考虑以下因素：

a）考虑到不同检测批次之间的变化，如果可能的话，可采用覆盖整个浓度测试范围的不同试样评估偏倚。当一个方法不能如预期那样在整个测试范围偏倚一致时，如非线性校准曲线，则需要对不同浓度水平的样品进行测定（至少对高或低含量测试）。否则，实验室应证明在整个测试范围之内具有相同的正确度。

b）最理想的偏倚评估是利用样品的基质匹配且浓度相近的有证标准物质（CRMs）进行测试。如果合适的 CRMs 无法获得时，需要寻找可替代的物质来评定偏倚。例如，采用分析参考物质（RM）来评估回收率（假定基质与待测样品的基质匹配，目标物具有足够的代表性），即：将已知浓度的分析物加到样品中，按照预定的分析方法进行检测，测得的实际浓度减去原先未添加分析物时样品的测定浓度，并除以所添加浓度的百分率。另外，经过协同实验室确定了特征性的物质也可以用于评估偏倚。如果合适的 CRMs 或 RMs 都无法获得，则偏倚只能通过在基质空白中加入一系列浓度的目标物所得回收率来评估。在这种情况下，回收率（R）可按公式（5-1）计算。

$$R = (C_1 - C_2)/C_3 \qquad (5-1)$$

式中：

C_1——加标之后测定的浓度；

C_2——加标之前测定的浓度；

C_3——加入目标物后的理论浓度。

c）对于一些测试（如农残分析），实验室可在已确认的空白样品中加入标样。如果无法获得空白样品，也可向含有痕量分析物的样品中加入标样。在这种情况下，偏倚可通过加标样品前后之差进行计算。但需要注意，加标样品中待测物的所得率会高于实际样品中待测物的所得率。例如，在饮用水中加入氟离子计算的回收率较为可靠，而在土壤中加入有机氯杀虫剂所计算的回收率则不能很好地反映真实样品的回收率，主要因为被添加的样品与原样品本身就存在的分析物质的萃取效率存在差异。如果可能的话，加标回收数据需要提供多个平均值进行证明。实验室应尽可能地参加包括天然存在样品、含有残留物质或受污染的样品的能力验证。

d）某些情况下，实验室只能依赖于加标评估其偏倚。在这种情况下，100%的回收率并不一定意味着好的正确度，但差的回收率则一定意味着有偏倚。可利用已知偏倚的国际或国家认可的参考方法来评定另一种方法的偏倚，或者利用两种方法按照相关测试程序对多种基质或浓度的典型样品进行测定，并用 t-检验（t-test）对分析方法间的偏倚显著性进行评估。

e）方法回收率的偏差范围可参考表 5-4 进行评价。

表 5 - 4 方法回收率的偏差范围

浓度水平范围（mg/kg）	回收率范围（%）
100	95～105
1～100	90～110
0.1～1	80～110
0.1	60～120

（6）精密度。

① 重复性。对于在重复性条件下进行的适当的测量数据，可用标准偏差（s）、方差（s^2）和概率分布函数等表示。如果分析方法中涉及仪器分析，则除了方法重复性外，还需确定仪器重复性。重复性体现了测量结果短期变化，同样适用于评定在单一批次分析中重复测定可能存在的差异。然而，重复性可能会低估在长期正常条件下测量结果的分散性。

重复性的测定通常应在自由度至少为 6 的情况下测定。对一个样品测定 7 次；或对 2 个样品，每个样品测定 4 次；或对 3 个样品，每个样品测定 3 次。仪器重复性可通过对校准曲线中标准溶液、加标溶液进样测定 7 次，然后计算平均值、标准偏差。进样应按随机顺序进行以降低偏差。

方法重复性可通过准备不同浓度的样品或浓度与做方法回收率研究相近的样品（样品的准备可采用实际样品，也可采用添加了所需分析物的空白溶液或实际样品），然后在较短的时间间隔内由同一个分析员进行分析测定，并计算平均值、标准偏差和相对标准偏差。得到的标准偏差 s 除以平均值后的百分率即得到测试结果变异系数（CV 值），不同含量测试结果的实验室内变异系数 CV 值可参考 GB/T 27417—2017 附录 B 进行评价。

② 再现性。再现性可表示为标准偏差（s）、方差（s^2）和概率分布系数，如利用两种以上校准标准溶液在一段时间、测定一定数量的试样。这些条件包括在不同时间内测定，在与日常使用方法中条件差别尽可能小的情况下测定（如不同分析员利用不同设备的测试）。对于受控状态的单个实验室，通常使用实验室内再现性或期间精密度等术语来表示其再现性精密度。

再现性标准偏差可通过一系列多个样品获得，或多个系列测定结果的合成标准偏差进行计算。测试的自由度可通过系列量和每系列中样品数量进行计算。

重复性自由度和再现性自由度的确定可参考 GB/T 27417—2017 附录 C 进行评价。

如果测试方法是用于对一系列样品类型进行测定，如不同分析物浓度或样品基质，则精密度的评估需要选择每个类型代表性的样品进行测定。例如，由于一个方法的精密度通常会随着分析物浓度的降低而变得较差。

（7）稳健度。稳健度可通过由实验室引入预先设计好的微小的合理变化因素，并分析其影响而得出。分析稳健度时，应关注以下内容：

① 需选择样品预处理、净化、分析过程等可能影响检测结果的因素进行预实验。这些因素可以包括分析者、试剂来源和保存时间、溶剂、标准和样品提取物、加热速率、温度、pH，以及许多其他可能出现的因素。不同实验室间这些因素可能有一个数量级的变化。因此，应对这些因素做适当修改以符合实验室的具体情况。

② 确定可能影响结果的因素，对各个因素稍作改变。宜采用正交试验设计进行稳健度试验。

③ 一旦发现对测定结果有显著影响的因素，应进一步实验，以确定这个因子的允许极限。对结果有显著影响的因素应在标准方法中明确地注明。

（8）测量不确定度。对化学分析结果的不确定度产生影响的因素有很多，如质量、体积、样品因素和非样品因素等，其中样品因素包含取制样和分析样品的均匀性，而非样品因素包含外部数据（通常包括常数和由其他实验得出并导入的量值，如分子量、基准试剂纯度、标准物质的标准值以及标准溶液的浓度等）和测试过程（包括关键的测试步骤和原理，如样品的前处理、试剂或溶剂的加入、测试所依据的化学反应等）。样品因素和非样品因素存在于所有化学分析中，重量法分析中必然涉及质量因素，而容量分析中必然涉及体积因素。只需能够明确地给出被测量与对其测量不确定度有贡献的分量之间的关系，而这些分量怎样分组以及这些分量如何进一步分解为下一级分量并不影响不确定度的评估。

测量不确定度的评估应包括化学分析方法的简要描述，包括用于计算结果的公式等；用于评估测量不确定度的数学模型；对测量不确定度有贡献的分量（如可用鱼骨图分析法进行分析）；对所选方法的每个测量不确定度分量进行分布计算评估；用于整合标准不确定度的公式；扩展不确定的计算；结果报告的示例。

注：对化学分析方法的测量不确定度可参考 EUROCHEM/CITAC 指南 CG4、ISO/IEC 指南 98-3 和 GB/Z 22553。

4. 方法验证要求

（1）总则。在化学分析实验室引入标准方法时，实验室应根据本部分的定

量分析和定性分析所述，验证操作该方法是否满足标准的要求，即证实该方法
能在该实验室现有的设施设备、人员、环境等条件下获得令人满意的结果。必
要时，可参加能力验证或进行实验室间比对。

如果只是对标准方法稍加修改，如使用不同制造商的同类设备或试剂等，
必要时也应进行验证，以证明能够获得满意的结果，并将其修改内容制订成作
业指导文件。

（2）定量分析。方法验证过程中关键的参数应取决于方法的特性和可能测
到的样品基质的检测范围，至少应测定正确度和精密度。对于痕量化学分析实
验室，实验室还应确保获得适当的 LOD 和 LOQ。通常情况下典型方法验证参
数的选择可参考表 5 − 5。

表 5 − 5 典型方法验证参数的选择

待评估性能参数	方法验证	
	定量方法	定性方法
检出限ª	√	—
定量限	√	—
灵敏度	√	√
选择性	√	√
线性范围	√	—
测量区间	√	—
基质效应	√	√
精密度（重复性和再现性）	√	√
正确度	√	
稳健度	—	
测量不确定度（MU）	（1）	—

注：√：表示正常情况下需要验证的性能参数。

　　—：表示正常情况下不需要验证的性能参数。

（1）：表示如果一个公认测试方法中对不确定度的主要影响因素贡献值和对结果的表达方式有要
求，则实验室应该满足于 ISO/IEC 17025 或同类标准的要求。

ª 被测物的浓度接近"零"时需要。

（3）定性分析。定性分析的精密度通常表示为假阳性或假阴性率，其可以
用不同的浓度水平来确定。实验室进行方法验证可分析一组阴性或阳性加强样
品。如对每个不同的样品基质，两个重复样品在 3 个含量水平上加以分析。建
议的含量水平为空白（无分析物）、低浓度（接近方法的最低适用浓度）和

高浓度（接近方法的最高适用浓度），可用标准加入法得到适当的浓度，即：按照同一个方法实施检测时，将测试样品分成两个或更多部分。一部分进行常规分析，其他部分在分析前加入已知量的标准分析物。加入的标准分析物的量应是样品中分析物估计含量的 2～5 倍，也可以是按照方法定量限、容许限等推算的标准分析物的量。标准添加法可用于衡量方法回收率，其可能受测定样品中分析物的含量和基质等因素影响，也可用于评估在定量限、容许限等水平上的正确度。假阳性或假阴性率应与方法确认的数据相当，才能证明实验室有能力使用该方法。通常情况下典型方法验证参数的选择可参考表 5－5。

第三节　色谱分析领域方法调整准则

本节内容摘自 GB/T 32465—2015 附录 A。在色谱分析领域中，允许实验室出于提高检测性能与效率的需要，对标准方法或官方方法中规定的仪器操作条件进行调整，但不能超出 GB/T 32465—2015 附录 A 的规定。超出这些要求的调整都视为方法变动。

1. HPLC 流动相的 pH　流动相制备过程中，水溶性缓冲液 pH 可在标准规定值的±0.2 pH 单位范围内调整。

2. HPLC 缓冲液中盐的浓度　流动相制备过程中，如果 pH 变化满足要求，则水溶性缓冲液中盐浓度可在±10％范围内调整。

3. HPLC 流动相中各组分的比例

（1）流动相中组分的增减可以达到该组分在组成中所占比例的 30％以上。

（2）流动相中占较高比例的组分，调整的绝对量应在±10％范围内变动。

（3）流动相中占较低比例的组分，调整的绝对量应在±2％范围内变动。

（4）调整后，任何组分的最终含量都不能被降为零。

为了便于对上述要求的理解，列举了两个二元混合体系和一个三元混合体系的组分比例调整示例。

二元混合体系情形 1：假定标准方法规定，流动相为二元混合体系 A 和 B，其组成比例 A∶B＝50∶50。实验室要对其中的 A 组分进行调整。A 组分调整后的比例＝50％×30％＝15％，这是调整的绝对量，但超出了（2）规定。按照（2）的要求，被调整组分变化的绝对量最多为±10％。也就是说，被调整的组分只能在 40％～60％的范围内变动。即流动相调整比例允许在 40∶60 或 60∶40 范围内变化。

二元混合体系情形 2：假定标准方法规定，流动相为二元混合体系 A 和 B，其组成比例 A：B＝95：5。实验室要对 B 组分进行调整。按照（1）的要求，B 组分调整的允许量＝30％×5％＝1.5％。也就是说，调整的绝对量为 1.5％。调整的绝对量没超出（3）的要求，也就是说，该组分调整的绝对量还可以达到±2％。调整时，该二元体系的比例允许在 93：7 至 97：3 范围内变化。

再假定标准方法规定，流动相为二元混合体系 A 和 B，其组成比例 A：B＝2：98。实验室要对 A 组分的含量进行调整。按照（1）的要求，A 组分调整的允许量 30％×2％＝0.6％，也就是按照（1）的要求，调整的绝对量可以为 0.6％，但不能再调整到 2％，因为不能满足（4）的要求。调整时，该二元体系的比例允许在 1.4：98.6 至 2.6：97.4 范围内变化。

三元混合体系：假定标准方法规定，流动相为三元混合体系 A、B、C，其组成比例 A：B：C＝60：35：5。实验室要对 B、C 两组分进行调整。按（1）的要求，B 组分调整的允许量＝30％×35％＝10.5％，也就是第二种组分调整的绝对量可以达到为 10.5％，但不能满足（2）的要求，即调整的绝对量不能超过 10％。因此，第二组分的比例绝对量仅可在 25％～45％的范围内调整。对于 C 组分，按（1）的要求，C 组分调整的允许量＝30％×5％＝1.5％，即调整的绝对量 1.5％。但按（3）的要求，调整的绝对量可达到±2％。也就是说，第三种组分调整还可放宽至±2％，即第三种组分比例的绝对量可在（5±2）％，即 3％～7％范围内调整。A 组分的比例随着第二、第三种组分的调整而调整，从而得到实验室调整后的流动相比例。

4. HPLC 紫外-可见光检测器的波长   HPLC 紫外-可见光检测器的波长不允许偏离方法中的指定值。但可使用仪器制造商规定的程序或其他验证程序验证检测器的波长，其误差应小于±3 nm。

5. 色谱柱柱长   GC/HPLC 柱长最大可调整值为±70％。

6. 色谱柱内径   HPLC 色谱柱内径，最大可调整值为±25％；对于 GC 色谱柱内径，最大可调整值为±50％。

7. 流速   GC/HPLC 最大可调整值为±25％。

8. 进样量   对于 GC 和 HPLC，进样量可减少至精密度和检出限可接受限值。只要不对基线、峰形、分辨率、线性和保留时间等因素产生不良影响，进样量可增加至标准指定进样体积的两倍。

9. HPLC 粒度   最大可调整值为±50％。

10. HPLC 柱温   最大可调整值为±10％。

11. GC 柱箱温度　最大可调整值为±10%。

12. GC 毛细管壁厚　最大可调整范围为−50%～100%。

13. GC 程序升温　允许可调整温度为±10%。对于需维持的特定温度或从一个温度改变至另一温度，允许调整的最大限度为±20%。